视 觉 营 销

主　编　章艳华　张海军
副主编　王一海　黄雨晴　张　立
参　编　王亚冬　余　航　戚　牧
　　　　董京霞　殷　辉　庄　妍

北京理工大学出版社
BEIJING INSTITUTE OF TECHNOLOGY PRESS

版权专有　侵权必究

图书在版编目（CIP）数据

视觉营销 / 章艳华，张海军主编. -- 北京：北京理工大学出版社，2024.1
　　ISBN 978-7-5763-3570-5

Ⅰ. ①视… Ⅱ. ①章… ②张… Ⅲ. ①网络营销 Ⅳ. ①F713.365.2

中国国家版本馆 CIP 数据核字（2024）第 045670 号

责任编辑：陈莉华	文案编辑：李海燕
责任校对：周瑞红	责任印制：施胜娟

出版发行 / 北京理工大学出版社有限责任公司
社　　址 / 北京市丰台区四合庄路 6 号
邮　　编 / 100070
电　　话 / (010) 68914026（教材售后服务热线）
　　　　　 (010) 68944437（课件资源服务热线）
网　　址 / http://www.bitpress.com.cn
版 印 次 / 2024 年 1 月第 1 版第 1 次印刷
印　　刷 / 河北盛世彩捷印刷有限公司
开　　本 / 787 mm×1092 mm　1/16
印　　张 / 13.5
字　　数 / 276 千字
定　　价 / 88.00 元

图书出现印装质量问题，请拨打售后服务热线，负责调换

前　言

视觉营销是将展示技术和视觉呈现技术相结合，与营销部门共同努力为市场传达、展示、提供、贩卖商品或服务的方法。视觉营销主要应用于包装、广告、卖场设计、橱窗展示、商品陈列等视觉展现场景。

党的二十大指出："建设现代化产业体系，坚持把发展经济的着力点放在实体经济上，推进新型工业化，加快建设制造强国、质量强国、航天强国、交通强国、网络强国、数字中国""发展数字贸易，加快建设贸易强国"。促进数字经济和实体经济深度融合是建设现代化产业体系的核心内容之一，是推动高质量发展、加快形成新发展格局的重要任务。数字化人才的培养是促进数字经济和实体经济深度融合的主要路径。随着信息技术的飞速发展，越来越多的企业在数字化转型过程中面临着人才缺口的问题，企业对具备数字技能和素质、能适应数字时代变革的数字商务人才的需求日益增加。

教育部发布的《职业教育专业简介》（电子商务类）中明确写道："本专业培养德智体美劳全面发展，掌握扎实的科学文化基础和电子商务运营、品牌建设与推广、供应链管理、互联网产品设计及相关法律法规等知识，具备运营数据分析与优化、全渠道营销策划与推广、用户体验优化和互联网产品设计、解决企业运营规划和经营战略决策较复杂问题等能力，具有工匠精神和信息素养，能够从事平台运营、渠道运营……用户体验设计、互联网产品设计等工作的高层次技术技能人才。"视觉营销设计能力是电子商务专业核心能力，本教材将带领学习者学习视觉营销基础知识、技能，服务数字贸易发展和企业数字化转型。

为了使学生从事平面设计、网店美工、视觉策划等视觉设计类工作职位，或者运营推广、营销策划等管理类工作职位时能掌握一定的商业美学基础知识，我们编写了这本教材。

本教材具有以下特色：

1. 课程思政引领，构建数字商务知识体系和价值体系

本教材紧扣高职财经商贸类专业教学标准要求，以习近平新时代中国特色社会主义思想和党的二十大精神为指引，全面贯彻党的教育方针，落实立德树人根本任务。

本教材凝练课程思政元素，创新课程思政实践，开篇的导读部分以政策文件、案例故事、人物简介等形式融入教材，引导学生树立正确的职业理想、职业道德、职业态度和职业精神，不仅培养学生高效的个人工作能力和团队合作精神，还培养吃苦耐劳、敢于承担重任、勇于创新、大胆突破等商业工匠精神，更着重培养学生的专业自豪感、家国情怀、爱岗敬业和奉献精神等。

2. 结构体系合理，符合教学规律和数字商务人才培养需求

本教材虽然以电商视觉为核心，但涵盖了商品视觉知识，相比同类教材更加全面，既可作为高职高专院校电子商务专业的主讲教材，又可作为商务人员提高商业美学能力和技巧的自我训练手册。其内容涵盖了商品视觉营销和网店视觉营销研究成果，理论知识结构清晰、深入浅出、通俗易懂；案例研讨贴近实际、发人深省、启示性强。每个项目之后的训练与实践，不但能够检验学生对理论知识的理解程度，而且在一定程度上能启发学生深入思考，根据教材内容继续拓展学习。

3. 校企多元合作开发，体现"岗课赛证"融通

本教材是校企"双元"共同开发的教材，由江苏易宁正弘电子商务有限公司、江苏奥驰企业管理咨询有限公司校企合作联合编写。校企共同开发了基于工作过程的模块化、项目化、任务化课程体系，融通"岗课赛证"，融入电子商务专业教学标准，以视觉设计工作岗位为基本，对接电子商务技能大赛、1+X网店运营管理职业技能等级证书考试。本教材注重培养学生视觉营销思维，重点培养学生系统掌握视觉营销的基本理论、技术和方法，使学生具有现代视觉营销的分析、策划、设计、创新等核心能力。

4. 配套资源丰富立体，满足在线学习和混合式教学需求

本教材配套课程标准、电子课件、教案、微课视频、案例素材等丰富的数字化教学资源，可作为课程教学、自主在线学习的有效补充，有助于激发学生兴趣和潜能。课程已经入选2023年江苏省职业教育专业教学资源库跨境电子商务专业教学资源库标准化课程，已在智慧职教MOOC学院上线。

本教材大致可以分为视觉营销基础、网店视觉营销、商品视觉营销等三个模块。其中模块一包括视觉基础规律和市场营销基础等项目，模块二包括商业网店视觉营销策划、网店页面视觉营销、网店推广视觉营销等项目，模块三包括商业广告视觉营销、商品包装视觉营销、商品陈列视觉营销等项目。

每个项目后都安排了适当的思考与实践，以检验学生对理论知识和实务工作的理解及掌握程度。课后实践任务不是死板地回顾教学内容，而是启发学生根据教材内容扩充信息、主动学习、自我发现视觉营销更加广泛的理论与实践外延，培养学生继续学习、勇于探索的精神。

前 言

本教材比较适合高职院校电子商务类、工商管理类、经济贸易类等财经商贸专业学生阅读使用，为其从事视觉设计类或管理类工作岗位打下一定的商业美学知识基础。同时，也适用于其他专业学生参考使用。

本教材由章艳华、张海军担任主编，黄雨晴、张立、王亚冬、余航、戚牧、庄妍等共同参与编写。具体分工如下：章艳华、张海军确定通篇体系框架，并编写项目一、项目三；黄雨晴、王一海编写项目五、项目七；张立编写项目四；王亚冬编写项目六；余航编写项目八；戚牧、庄妍编写项目二。

本教材在编写过程中，参考了大量书籍、报刊文献和网络资料，吸收了国内学者最新的研究成果。在此向各位专家、学者表示衷心的感谢。

由于编者的知识结构和能力水平有限，书中难免会存在疏漏、错误之处，敬请读者不吝赐教。

编　者

目 录

模块一 视觉营销基础 ……………………………………………… 1

项目一 视觉基础规律 …………………………………………… 3
任务一 认识视觉规律 …………………………………… 4
任务二 了解视觉要素 …………………………………… 8
任务三 探究视觉构图 …………………………………… 16
项目小结 ……………………………………………………… 22
项目测验 ……………………………………………………… 23

项目二 市场营销基础 …………………………………………… 26
任务一 掌握营销分析 …………………………………… 27
任务二 掌握营销策划 …………………………………… 37
项目小结 ……………………………………………………… 49
项目测验 ……………………………………………………… 49

模块二 网店视觉营销 …………………………………………… 53

项目三 网店视觉营销策划 ……………………………………… 55
任务一 掌握网店营销分析 ……………………………… 56
任务二 掌握网店视觉策划 ……………………………… 60
项目小结 ……………………………………………………… 65
项目测验 ……………………………………………………… 65
项目实践 ……………………………………………………… 66

项目四 网店页面视觉营销 ……………………………………… 68
任务一 首页视觉营销设计 ……………………………… 69
任务二 详情页视觉营销设计 …………………………… 82
项目小结 ……………………………………………………… 99
项目测验 ……………………………………………………… 100
项目实践 ……………………………………………………… 103

项目五 网店推广视觉营销 ……………………………………… 105
任务一 直通车视觉营销设计 …………………………… 106
任务二 钻展视觉营销设计 ……………………………… 118
项目小结 ……………………………………………………… 135

  项目测验 ································· 135
  项目实践 ································· 138

模块三　商品视觉营销 ································· 141

 项目六　商业广告视觉营销 ································· 143
  任务一　认识商业广告 ································· 144
  任务二　平面广告视觉营销设计 ································· 149
  任务三　视听广告视觉营销设计 ································· 157
  项目小结 ································· 167
  项目测验 ································· 168
  项目实践 ································· 169
 项目七　商品包装视觉营销 ································· 171
  任务一　认识商品包装 ································· 173
  任务二　包装视觉营销设计 ································· 179
  项目小结 ································· 186
  项目测验 ································· 186
  项目实践 ································· 188
 项目八　商品陈列视觉营销 ································· 189
  任务一　认识商品陈列 ································· 191
  任务二　陈列视觉营销设计 ································· 197
  项目小结 ································· 201
  项目测验 ································· 201
  项目实践 ································· 203

参考文献 ································· 205

模块一

视觉营销基础

【模块导学】

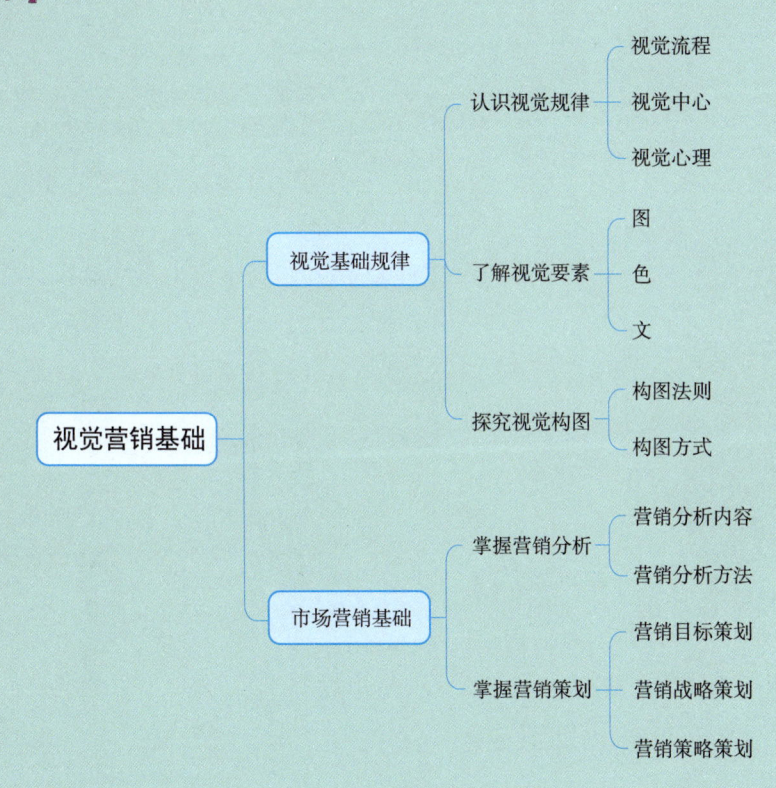

- 视觉营销基础
  - 视觉基础规律
    - 认识视觉规律
      - 视觉流程
      - 视觉中心
      - 视觉心理
    - 了解视觉要素
      - 图
      - 色
      - 文
    - 探究视觉构图
      - 构图法则
      - 构图方式
  - 市场营销基础
    - 掌握营销分析
      - 营销分析内容
      - 营销分析方法
    - 掌握营销策划
      - 营销目标策划
      - 营销战略策划
      - 营销策略策划

项目一
视觉基础规律

【学习目标】

1. 知识目标

理解视觉流程、视觉中心、视觉心理等重要视觉基础规律，掌握图、色、文等视觉要素的基本原理及规律，理解构图法则、构图方式等视觉构图的基本原理及规律。

2. 能力目标

能够遵循视觉传达的原理规律，分析评价企业实施的各种视觉表现形式。

3. 素质目标

从事视觉设计岗位，培养高效的个人工作能力和团队合作精神，培养吃苦耐劳、敢于承担重任、勇于创新、大胆突破等商业工匠精神。

任务一　认识视觉规律

【导读】

国内著名视觉设计师

靳埭强，广东番禺人，国际平面设计大师、靳埭强设计奖创办人、国际平面设计联盟（AGI）会员，也是中央美术学院、清华大学、吉林动画学院等高等院校的客座教授，曾先后获得香港十大杰出青年、香港紫荆勋章、美国CA传达艺术大奖等荣誉。

靳埭强出版代表作品有《平面设计实践》《商业设计艺术》《海报设计》《广告设计》等，他的设计代表作品有中国银行行徽、"人人重庆"标志等。

靳埭强主张把中国传统文化的精髓，融入西方现代设计的理念中去，但并不是简单相加，而是在对中国文化深刻理解上的融合。他说："我不是天生的设计师，只是自然地从生活中培养潜能。热爱生活帮助我领悟宝贵的人生观，同时给予我神妙的创作动力。"

靳埭强特别强调设计师的专业精神，漂亮的设计并不一定是好的设计，最好的设计是那些适合企业、适合产品的设计。设计不单是企业促销的工具，更重要的是为企业塑造形象，准确地传达企业的文化精神。一方面发挥其商业功能，达到应有的市场效应；另一方面又能蕴含比较深厚的文化素质，为企业建立一个正面的视觉形象。

（资料来源：靳埭强-传统文化与现代设计融合的平面设计丨后时代 houshidai.com）

> 靳埭强的经历带给视觉设计人员的启发有以下两点：
>
> 第一，必须立足于本国本地区的文化进行设计创作。对于中国的电商视觉工作者来说，就是要鉴赏、学习中华优秀传统文化，理解讲仁爱、重民本、守诚信、崇正义、尚和合、求大同的思想精华和时代价值，在视觉设计中传承中华文脉，使视觉设计富有中国心、饱含中国情、充满中国味。
>
> 第二，学习工作必须目标明确，并不懈为之努力。对于电商视觉工作人员来说，就是要培养自己精益求精、严谨规范、勇于创新的工匠精神与职业素养。

众所周知，人们观看物体是有一定的认知及心理规律可循的。从事电商美工等视觉设计的工作者，必须充分了解并善于利用这些规律，才能做出令顾客认同满意的视觉作品。读者们在学习理解视觉规律原理的同时，一定要善于反思：如何才能更合理运用它们？

一、视觉流程

所谓视觉流程,通俗地讲就是人眼观看物体的视觉顺序、方向和习惯等。比如,我们在观察如图 1.1 所示的瓶装水广告时,会是什么样的视觉流程呢?显然,大多数人习惯于先观看整体,再观看局部;先观看上方,再观看下方。

图 1.1 瓶装水广告

由此,可以大致归纳出视觉流程的一些重要规律:首先,人们习惯于"从左往右、自上而下"的视线顺序。其次,人们习惯于"整体—局部—细节""运动物体—静止物体"的观看方向。再次,人们也习惯于按照一定的时间先后、空间大小的观察过程。

因此,视觉设计工作若符合以上规律,视觉作品就能使受众视觉舒服、愉悦,令人欣然接受视觉传达的信息;反之,则导致视觉信息的传达不畅,甚至产生矛盾感。

二、视觉中心

视觉中心在透视学中叫视点、灭点,以人眼所视方向为轴心,上下左右向一个方向伸延,最后聚集在一起,集中到一点,消失在视平线上,这就是视点。视觉设计中,一般是指人眼观察事物的中心、焦点、重点或关键位置,并不一定是视野最中间的位置。比如,我们在观察如图 1.2 所示的儿童插画时,会着重观察哪里?显然,大多数人习惯于观察中间偏右的孩子,这就是视觉中心。

视觉中心的形成

图 1.2　儿童插画

关于视觉中心的重要规律一般有以下三个方面值得注意：

第一，视觉中心通常只能有一个。物体的视觉中心如果有多个，就会让人目不暇接，甚至产生视觉上的矛盾冲突。

第二，在平面艺术中，视觉中心的形成往往会受到构图方式、比例结构、明暗关系等多方面因素的影响。与众不同的形状、颜色、体积、方向、人物、运动等是形成视觉中心常见的方式。比如，图 1.2 中的孩子，他的外形和颜色都与众不同，所以能成为视觉中心。

第三，非重点区域的视觉中心，可以通过一些指示物体的自然引导来形成。比如图 1.3 中，下方的文字若要成为视觉中心，不仅需要字体放大，还需要黑色路线的指引。

因此，视觉作品必须突出视觉中心，才能使受众的视觉有归属感，尤其是商业视觉设计更应该强调视觉中心的作用。而视觉中心的形成，必须考虑构图方式、比例结构，以及引导物体等多方面的视觉设计手段。

三、视觉心理

所谓视觉心理，简单说来就是人通过观察事物，在知觉、理解、记忆等方面产生的心理感觉。比如，我们在观察图 1.4 时，会有什么感觉呢？显然，仰拍的楼宇让大多数人感觉到了高耸入云、遥不可及的压迫感。

图 1.3 电影海报

图 1.4 建筑物

视觉设计者要传达的视觉心理只有被受众接受了,设计者的目的才能实现;否则,视觉作品就是失败的。因此,以下关于视觉心理的规律必须遵循:

第一,图、文、色等视觉要素,以及视觉构图是影响视觉心理产生的客观因素,

必须按设计目的合理搭配组合。比如，图1.4中楼宇要表现出高耸感，仰视比平视的构图方式更合理正确。

第二，受众会按自己的知识结构、视觉习惯等有选择地理解、接收视觉信息，这是影响视觉心理能否"正确"产生的主观因素。因此，只有深入了解分析受众的认知习惯，设计者才可能做出"正确"的视觉作品。

第三，由于设计者与受众之间普遍存在着视觉信息不对称的现象，所以视觉误差或错觉的心理矛盾也会普遍存在。视觉设计者必须正视矛盾并善于引导化解，甚至能加以利用，这就对设计者的职业素养提出了较高要求。比如图1.5所示是同一个模特的照片。左图看起来比右图会显得人更瘦一些，那是因为模特的姿势和拍照的角度不同而造成了视觉差异。

图1.5 模特展示

因此，视觉作品要在分析受众理解能力的基础上，合理运用视觉要素组合、视觉构图方式，并对可能产生的视觉矛盾做出预判和处理，才能使视觉设计的目的得以顺畅传达，进而使受众产生正确的视觉心理。

任务二　了解视觉要素

【导读】

国内著名视觉设计师

陈绍华，浙江省绍兴市上虞区人，深圳市平面设计协会常务理事、深圳市室内设计师协会高级顾问,被誉为当代中国最有个性、最有成就的设计大师之一。

陈绍华凭借作品《绿,来自您的手》获第六届全国美展招贴画金牌奖及两项优异奖,他的代表作品有2001年中央美术学院院徽设计、亚洲发展银行(上海)年会会徽设计等。

陈绍华说,设计要把世界的技术在中国体系中运用,就要以出色的品质优势搭载世界最先进的信息技术。要把中国元素的设计向世界传播,在装潢设计上充分地体现品牌的独特个性。中国传统文化有着取之不尽用之不竭的资源,在品牌包装、品牌开发、品牌推广等方面更积极有效的发想与表现,有利于中国元素的世界传播。

(资料来源:陈绍华(中国著名平面设计师)_百度百科 baidu.com)

> 陈绍华的经历带给视觉设计人员的启发有以下两点:
> 第一,要热爱生活,在生活中寻求设计灵感。对于中国的电商视觉工作人员来说,就是要了解世情、国情、党情、民情,了解中国特色社会主义新时代特征,视觉设计必须在时代背景中汲取营养。
> 第二,增强职业责任感,培养视觉设计人员精益求精、严谨规范、勇于创新的职业品格、行为习惯和工匠精神。

大多数平面视觉作品是由图像、色彩和文字构成的复杂组合,而不同的组合方式会导致视觉传达的意境千差万别,这三者可以称为视觉的"三要素"。下文就将围绕"三要素"的视觉规律展开阐述,读者们仍然要不断反思:如何才能合理搭配它们?

一、图

图是图形和图像的统称,由点、线、面等基本要素构成。图,既可以是一些基本几何形状,也可以是一种延伸的感觉。图形与图像在图片来源、文件格式、文件大小、成像质量、色彩表现以及设计对象等方面存在着区别,在此不再赘述。下面分别阐述图的基本构成要素的一些规律。

图形图像的区别

(一)点

点是图的构成基础,不一定是几何中的圆形。醒目突出的点往往能成为视觉中心,庞杂无序的点也能造成视觉矛盾冲突,这与点的构图位置密切相关。如图1.6所示是由多个点组成的形状。如图1.6(a)所示,居中的点虽然小但能成为视觉中心,而图1.6(b)中几乎没有一个点可以引人注意。

(二)线

线可以大致分为直线和曲线。视觉设计中,线的运动方向、排列密度、类型组合

（a） （b）

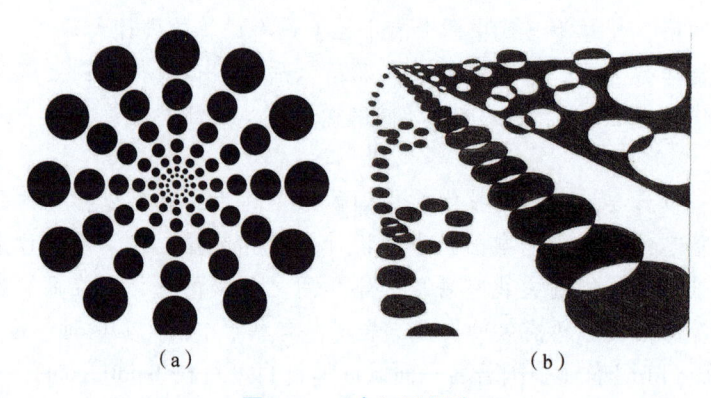

图1.6 "点"形设计

(a)"点"形设计一；(b)"点"形设计二

等会令视觉作品产生风格迥异的视觉效果。如图1.7所示是由不同形状的线条组合产生的不同效果。

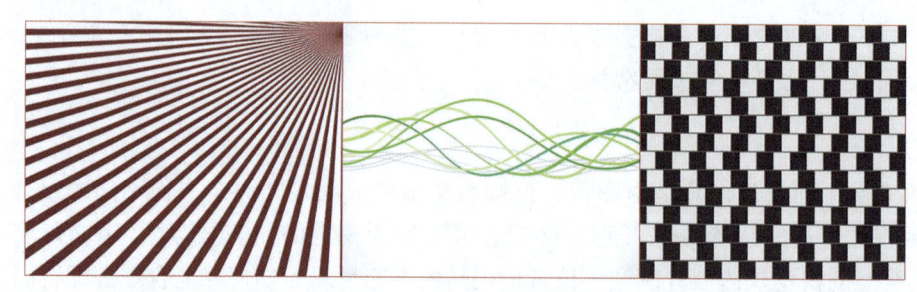

图1.7 "线"形设计

（三）面

面的构成形态很丰富，可以分为不同面积的规则或不规则形状。在视觉作品中，面通常用来表现物体的多种关系，如分离、接触、重合等；也是背景、环境、关系等效果的常见表现手段。如图1.8所示，音响背后的紫色几何形状，是表达声音效果的有效方式。

图1.8 音响海报

因此，视觉设计者需要合理安排点、线、面在视觉作品中的形状大小、排列规律、组合方式等，才能实现视觉作品的预期效果。

二、色

色彩是视觉设计中最具有冲击力的要素。色彩一般可以分为无彩色（黑、白、灰）和有彩色（赤、橙、黄、绿、青、蓝、紫等）两大类型。色彩有以下一些规律必须了解。

（一）色彩属性

1. 原色

颜色模式

所谓原色，即不能分解的原始色彩，是视觉设计运用中最基础最常见的色彩。一般有两种原色，即色光三原色和色料三原色。其中，色光三原色也叫 RGB 颜色，是指红色（Red）、绿色（Green）和蓝色（Blue），主要应用于电视、电脑等主动发光的物体；色料三原色也叫 CMY 颜色，是指青色（Cyan）、品红色（Magenta）和黄色（Yellow），主要应用于印刷、绘画等被动发光的物体。这两类三原色的具体原理和区别在此就不再赘述了。

2. 色彩属性

色彩属性即色彩的基本要素，一般分为三种属性，即色相、纯度和明度。其中，色相（Hue）也叫色调、色彩的相貌，特别是指有彩色所属的不同色系，如深红、大红、玫瑰红等都属于红色系；纯度（Chroma），也叫饱和度，是指色彩的纯净纯度。人们通常会说，高纯度的色彩比较鲜艳，低纯度的色彩比较暗淡；明度（Value），也叫亮度，是指色彩的明暗程度。所有色彩中白色的明度最高，黑色的明度最低。色彩的三属性在大多数视觉设计软件中都会有所运用，比如 Photoshop 中的拾色器工具就是关于色彩三属性的应用。

（二）色彩搭配

色彩搭配也叫调色，就是不同色彩如何搭配在同一个视觉作品中出现。色彩搭配是视觉设计的核心工作之一，对设计者有很高的专业要求。通常有以下一些规律可循。

1. 色环搭配

色环也叫色相环，通常指将 12 或 24 种不同的颜色首尾连接在一起形成的圆环，如图 1.9 所示。色环搭配就是按照不同颜色在色环上所处的夹角位置关系来搭配的方式，一般分为类似色搭配（夹角小于等于 90°）、对比色搭配（夹角大于 90°小于 180°）、互补色搭配（夹角接近或等于 180°）。

2. 属性搭配

色彩属性搭配就是按照色相、纯度和明度三属性中的某一个或某几个方面的高低

图 1.9　色相环

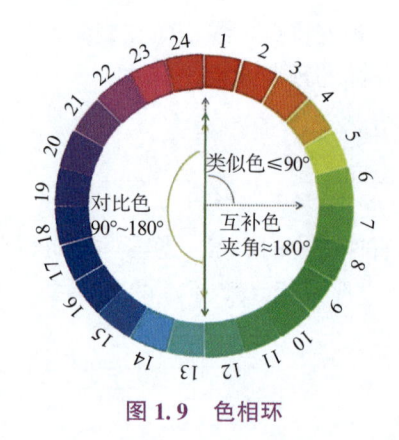

程度来依次搭配的方式。比如，可以按红色的明度由高到低来搭配颜色。

需要特别注意的是，无论以何种方式进行色彩搭配，视觉作品中的主要色系一般控制在三种以内为宜。颜色太多会使画面显得很"花"而失去视觉中心，容易造成视觉矛盾冲突。

（三）色彩心理

色彩是促使受众对视觉要素产生心理反应的主要因素，通过不同的色彩属性、色彩搭配，会产生不同的心理感觉。如图 1.10 所示，同样的文字在不同的色彩背景下，带给受众的心理认知不尽相同。

图 1.10　文字颜色搭配

第一，色彩心理是指颜色能影响脑电波，即色彩的物理光刺激能对人产生直接生理反应。比如，红色容易使人产生警觉反应、脉搏加快、情绪兴奋；蓝色容易使人产生放松反应、脉搏减缓、情绪镇静。常见的色彩心理如表 1.1 所示。

表 1.1　常见的色彩心理

色系	色彩心理
红	征服欲、男子气概、热情、兴奋、攻击性、光荣、力量、激情、爱情
蓝	天空、大海、镇静、女性气质、文静、诚实、博大胸怀、和谐
黄	活泼、愉快、温暖、开朗外向、勉强、传统
绿	自信、稳健、优越感、调和、健康、自然、和谐

续表

色系	色彩心理
紫	感性、神秘、情欲、浪漫、细腻、富有个性、自我陶醉、理想主义
灰	沉静、优雅、寂寞、优柔寡断、颓废、陈旧
黑	屈服、拒绝、放弃、独立、神秘、隐秘、空虚

第二，色彩的冷暖属性也是色彩心理的重要表现。频率低的红光、橙光及黄光，本身有暖和感，以此光照射到物体上都会有暖和感；相反，频率高的紫光、蓝光及绿光，有寒冷的感觉。比如，冬日把卧室的窗帘换成暖色，就会增加室内的暖和感。

第三，色彩还会带来其他的一些心理感受，包括体积感、重量感、湿度感、方位感等。比如，暖色偏重，冷色偏轻；冷色显得湿润，暖色显得干燥。

第四，除了色系（色相）具有明显的心理感觉外，色彩的明度与纯度也会引起一定的色彩心理感觉。一般来说，颜色的重量感主要取决于色彩的明度，暗色给人以重的感觉，明色给人以轻的感觉；纯度的变化给人以色彩软硬的印象，淡亮色使人觉得柔软，暗纯色则有强硬的感觉。

三、文

文是信息承载和传递的重要方式，在视觉设计中往往起到画龙点睛的作用，它包括两层含义：一是文字的外在形式，即字体、字符、字号、段落版式等；二是文字的内容表达，即语句、语气、叙述方式、修辞手法等，就是俗称的"文案"。需要注意的是，必须考虑文字传递的可视化、可听化等媒体效果。

（一）字体

1. 字体基础

字体既是文字的风格款式，又是文字的图形样式，不同的字体传达出不同的视觉特征。通常，Windows 系统自带的字体是可以直接用于视觉设计的；而其他从网络下载的字体，因为知识产权等原因，必须经开发者授权后才能使用，尤其不能直接用于商业 Logo 等设计。字体和人一样，有着不同的外部特征，也会散发出内在的气质。视觉设计中常用的中文字体有以下一些特征。

第一，宋体类。这类字体多用于报纸、杂志、小说等印刷作品的正文设计，也叫印刷字体。商业设计中，一般用于正文内容设计，标题运用得比较少。

第二，黑体类。这类字体多用于标题、导语、标志等设计中。许多设计人员认为，Windows 系统自带的黑体不太适合直接用于商业设计，一般会选择粗黑、大黑、雅黑等字体。

第三，书法类。这类字体包括行楷、隶书、篆书等，多用于中式传统设计，如对

联、中餐、唐装等设计，不太适合于时尚、西式等视觉设计。

第四，创意类。这类字体种类繁多，常见的有云彩体、雪峰体、萝卜体、火柴体、花椒体等，多用于特定人群、节日、个性等设计中。

2. 字体搭配

不同内容层次的文字之间、文字与其他画面之间，如何通过各种字体的布局组合，在空间、结构、韵律等方面产生最佳的视觉效果，是视觉设计的重要工作之一。为此，必须遵循以下规律：

第一，充分了解字体的视觉特征。作为视觉设计工作者，只有了解了每种字体的特性，才能做出准确的判断选择。关于字体的特征，上文已交代，在此不再赘述。

第二，创造字体以适应视觉主题的需要。以基本字体的结构为基础，通过联想、变换、创作，打造出更有表现力的字体造型，是很多视觉设计师津津乐道的事。

第三，设计主题是字体搭配的根本。无论是选择字体，还是创造字体，都必须考虑到视觉作品的受众喜好、产品行业、项目调性等核心问题。如图 1.11 所示，茶、白酒等中国传统产品行业，比较适合使用书法类字体，创意类字体则不太适合。

图 1.11　茶、酒字体搭配

第四，字体种类数量必须适中。在同一视觉作品中，不同类型的字体不宜太多，以免给受众造成眼花缭乱、无法关注视觉中心的矛盾。一般而言，字体搭配选择 3 种以内字体为宜。

（二）文案

文案来源于广告行业，是广告文案的简称，指以文字进行广告信息内容表现的形式。在视觉作品中，可以理解为以文字来承载、表现视觉创意策略。在视觉设计中，文案与图像、色彩等视觉要素同样重要，图像、色彩具有较强的冲击力，文案则具有较深的影响力。

1. 文案构成

第一，标题。通常是文案内容的主题、诉求重点，现代大多数人都是"标题党"，受众只有对标题产生兴趣时才会阅读正文，所以其作用在于吸引注目、留下印象、产生兴趣。文案标题可以采用情报式、问答式、祈使式、新闻式、暗示式等多种设计形式。标题撰写要简明扼要、易懂易记、新颖有个性，文字数量一般控制在 12 个字以内为宜。

第二，正文。这是对产品、服务或企业等客观事实的具体说明，来增加受众的了解与认识，达到以理服人的效果。正文撰写无论采用何种题材式样，都要抓住主要的信息来叙述，做到实事求是、通俗易懂、言简意明。

第三，口号。也叫标语、导语，是反复出现的战略性语言。其目的是通过简短易记的语言，使受众能熟悉商品、服务或企业的个性、精神、文化等理念，已成为产品或品牌推广不可或缺的要素。口号一般可采用联想式、比喻式、许诺式、推理式、赞扬式、命令式等表达形式。撰写口号要注意简洁明了、语言明确、独创有趣、便于记忆、易读上口。

第四，附文。也叫随文，是某些视觉作品的必要组成部分，如包装设计、视频广告设计。一般包括企业名称、地址、电话、网址、产品成分、使用说明、保养、维修等信息。附文的表达一定要注意简明、准确、合法。

2. 文案表达

第一，准确规范、点明主题。这是文案表达最基本的要求。必须做到表达规范完整，避免产生语法错误或表达残缺；语言准确无误，避免产生歧义或误解；符合表达习惯，不能生搬硬套，甚至创造众所不知的词汇；尽量通俗化、大众化，避免使用冷僻或过于专业化的词语。

文案表达技巧

第二，简明精练、言简意赅。要以尽可能少的语言和文字表达出主题和精髓，实现有效信息传播效果；简明精练的文案有助于吸引注意力，便于消费者迅速记忆；尽量使用简短的句子，以防止因冗长语句造成反感。

第三，生动形象、表明创意。这样才能吸引受众注意、激发其兴趣。研究资料表明，文字、图像能引起人们注意的百分比分别是 35%、65%。文案创作时采用生动活泼、新颖独特的语言，才能达到事半功倍的效果。

第四，优美流畅、上口易记。文案是内容的整体构思，特别是诉之于听觉的文案语言要注意优美、流畅、动听，使其易识别、易记忆和易传播。同时，也要避免因过分追求语言和音韵美，而忽视内容主题。切忌生搬硬套、牵强附会、因文害意。

任务三　探究视觉构图

【导读】

国内著名视觉设计师

　　陈幼坚，中国香港人，著名设计师，曾荣获香港乃至国际奖项400多个，在纽约、伦敦、东京等地名声大噪。1996年，被设计界视为"圣经"的《Graphis》杂志将陈幼坚设计公司选为世界十大最佳设计公司之一。可口可乐中文Logo、国家大剧院Logo、万科集团Logo、金悦轩的Logo、李锦记包装等知名品牌标志，都出自陈幼坚之手。

　　陈幼坚深爱中国传统文化，对中国文化遗产的执着和骄傲并没有使他变成一个固守传统的"艺术遗老"，而是让东西文化在他的设计理念中更为合理地融结在一起。他成功地糅合西方美学和东方文化，既赋予作品传统神韵又不失时尚品味的优雅，尤其是他设计的瓷杯、茶叶盒、文具以及杯垫等作品极具中国风，却又不失优雅精细。

　　陈幼坚曾说过，"平面设计的历程就如马拉松赛跑，是一条既漫长而又充满挑战性的道路。那些获奖无数的运动健将，不只单靠一副天赋良好的体魄才'上位'，亦要配合后天的悉心栽培和毅力才能达到理想的成果。平面设计师要成功，亦如运动健儿般，只靠天资是不够的，一个人如没有全力付出精神、时间和努力，成功是不会发生的。"

　　（资料来源：https://www.shejidaren.com/alan-chan-sheji-zuopin.html）

> 　　陈幼坚的经历带给视觉设计人员的启发有以下两点：
> 　　第一，要用人们熟悉的形象、符号、信息等进行视觉艺术设计，化繁为简。对于中国的电商视觉工作人员来说，就是要鉴赏、学习中华优秀传统文化，在国画、诗词等传统文化形式中吸取营养。
> 　　第二，增强职业责任感，培养视觉设计人员的精益求精、严谨规范、勇于创新的职业品格、行为习惯和工匠精神。

　　视觉构图是视觉设计中形象要素的结构配置方法，即根据主题思想和素材特点，把各种视觉要素适当地组织起来，构成一个协调完整的画面。视觉构图的目的是处理好视觉三维空间——高、宽、深之间的关系，以突出主题、增强艺术的感染力。

一、构图法则

　　在日常生活中，美是每一个人追求的精神享受，是依据生产生活实践中积累的、客观存在的基本形式法则而产生的。这种法则在设计学科中被称为"形式美法则"，构图法则是形式美法则的重要表现。尽管绘画、摄像、建筑、雕塑等不同的视觉艺术形式有着不尽相同的构图法则，但有两条是至关重要的。

第一，构图必须有视点。视点就是视觉中心，这样构图的目的是把受众的注意力吸引到画面的一个点上。它的重要性和作用前文已经阐述，在此不再赘述。

第二，构图必须做到均衡。这是构图的基础，主要作用是使画面具有稳定性。稳定感是人类在长期观察自然中形成的一种视觉习惯和审美观念，凡符合这种审美观念的造型艺术才能产生美感，违背这个原则的，看起来就不舒服。

如何实现构图的均衡法则有以下一些规律需要遵循。

（一）对称与均衡

对称不仅要求物体形态之间质量相同，还要求距离相等；不仅能给人以美感，还能表达秩序、稳定、庄重、威严等心理感觉。中外很多古代建筑、教堂、庙宇、宫殿等都以对称为美的基本要求。视觉艺术中，保持均衡的事物有些是对称的，也有些并不对称。均衡通常是物体、要素根据大小、轻重、色彩、位置分布保持在视觉上的平衡关系。如图 1.12 所示，照片中左右的景物虽然并不对称，但由于虚实、色彩、明暗等处理，整体画面依然很均衡。

图 1.12　村落照片

（二）变化与统一

变化体现了各种事物的千差万别，统一则体现了各种事物的共性和整体联系。变化统一反映了客观事物本身的特点，即对立统一规律。视觉设计中，色彩、素材、表现手法的多样化可以丰富艺术形象，但这些变化必须达到高度统一，即统一于一个视觉中心，才能构成一种有机整体的形式。如图 1.13 所示的一组时装，虽然每套时装都是独立的、变化的，但是它们看起来又非常统一。

图 1.13　模特展示

(三) 对比与和谐

对比与和谐反映了矛盾的两种状态,对比是在差异中趋于对立,是使一些可比成分的对立特征更加明显、强烈;和谐是在差异中趋于一致,是使各个部分、因素之间相互协调。在视觉设计中,对比与和谐通常是某一方面居于主导地位。常用的对比手法如明暗对比、虚实对比、冷暖对比等,但过于生硬的对比可能会使画面有些松散,所以设计者会用一些方法让对比中略有调和,使画面更加和谐完整。如图 1.14 所示的插画设计中,红色与绿色是典型的对比色,但是设计者通过造型、面积,以及背景色的处理,使画面看起来很舒服和谐。

图 1.14　插画设计

（四）虚实与空白

虚实作为一种视觉表现形式是为深化主题服务的。视觉画面中必须有虚有实，虚实呼应。虚是为了突出实，应该藏虚露实，同样做到均衡处理。另外，有些人刚开始做视觉设计时总想把画面空间"充分利用"，把素材安排得很实很满，认为画留有空间是一种浪费。其实这种庞杂堵塞的构图往往使人望而生畏，留不下一点印象。视觉构图上的"少"，却是效果上的"多"。空白也能引起受众的注意，使人产生兴趣和印象，从而最大限度地达到传播的目的。如图 1.15 所示，照片中的太阳、树木、人物的"实物"面积远比蓝天、雪地等"留白""虚"的面积要小得多，但这样的画面构图却能反映出特有的意境。

图 1.15　景色照片

需要注意的是：以上一些构图法则不是固定不变的，随着事物的发展，构图法则也在不断发展。因此，既要遵循构图法则，又不能犯教条主义错误。视觉设计工作者要根据设计内容的不同，灵活运用构图法则，在形式美中体现创造特点。

二、构图方式

构图方式是图像元素安排与组合的经验手法，起着突出主体、吸引视线、简化杂乱、达到均衡和谐的作用。构图方式运用得当，可以将平凡的物体变得无与伦比，突出主题；反之，则会将一个有魅力的物体变得俗不可耐，降为配角。下面介绍一些基本的构图方式。

特殊的构图技法

（一）水平式构图

这是最基本的构图方式之一，也叫横式构图，是以水平线条为主的构图方法，常运用于湖面、水面、草原等远景、全景类画面中，如图1.16所示。水平线通常使人联想到一望无际的地平线、风平浪静的大海等，因而能表现宽阔、宁静、稳定、徐缓、和谐等视觉心理和感受。需要注意的是，必须保证水平构图线平直，不能倾斜，以便展现水平方向上的延伸感。

图1.16 景色照片

（二）垂直式构图

这是另一种基本的构图方式，也叫竖式构图，是以垂直线条为主的构图方法。常运用于自身结构轮廓就符合垂直线特征的物体，如建筑、山峦、树木、瀑布等，如图1.17所示。这种方式在视觉上给人以上升、力度、深度等形式感，因而能表现挺拔、高大、力量、威严等视觉心理和感受。

图1.17 景色照片

（三）中心式构图

这也是一种基本的构图方式，也叫中央式构图，是将主体放置在画面中心的构图方法，常运用于人像、花卉、建筑等局部特写的画面中，可以将视线引向画面中心，如图 1.18 所示。这种构图能表现平衡、稳定、严谨、庄重、透视、富于装饰性等视觉心理。需要注意的是，必须确保主体突出、明确，以达到左右平衡的效果。

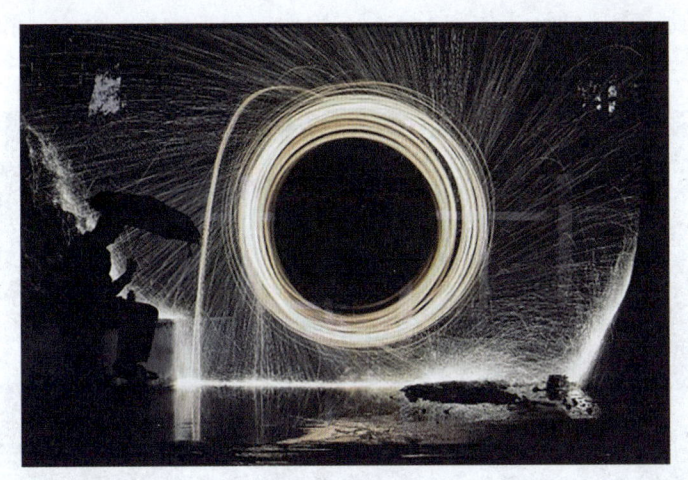

图 1.18　景色照片

（四）对角线式构图

这是将主体沿画面对角线方向排列的、不平衡的构图方法，常运用于人像、风光、建筑等特殊画面中，如图 1.19 所示。这种构图方式按对角线方向牵引视线方向，使画面更加饱满，以展示不稳定感，突出更加强烈的视觉体验，因而能表现动感、生命力、延伸、突出、舒展、变化等视觉心理和感受。

图 1.19　景色照片

(五) 三分式构图

三分式构图也叫"井"字构图、分割线构图、九宫格构图，是用两条竖线和两条横线分割，得到 4 个交叉点，将画面重点放置在 4 个交叉点中的构图方法，常运用于人物摄影、艺术设计等画面中，如图 1.20 所示。这种构图方式对一些能明显起到分割作用的物体，特别是对规律性和排布性不强的元素进行分割，将画面分成有规律的几个或很多个区域，表现画面主体和形式感，因而能传递动感、活力、和谐、美感等视觉心理和感受。

图 1.20 景色照片

项目小结

视觉流程就是人眼观看物体的视觉顺序、方向和习惯，有一些重要认识必须了解。视觉中心是人眼观察事物的中心、焦点、重点或关键位置，其数量、形成方式等重要规律需要掌握和运用。视觉心理是人通过观察事物，在知觉、理解、记忆等方面产生的心理感觉，必须分析受众理解能力，合理运用视觉要素组合、视觉构图方式，避免产生视觉矛盾。

图是图形和图像的统称，是由点、线、面等基本要素构成，每种要素都有必须遵循的一些重要规律。色彩，是视觉设计中最具有冲击力的要素。必须了解三原色、三要素等基本原理，遵循色系、属性搭配的原理，以达到应有的色彩心理效果。文是信息承载和传递的重要方式，包括外在形式和内容表达两层含义，必须在了解字体和文案组成规律的基础上合理运用。

项目一　视觉基础规律

构图法则是形式美法则的重要表现，视点和均衡的规律至关重要，为此必须灵活运用对比、变化、统一、空白、虚实等基本原则。构图方式是图像元素安排与组合的经验手法，必须学会合理运用水平式、垂直式、中心式、对角线式、三分式等构图方式。

项目测验

一、单选题

（1）如图 1.21 所示的广告的视觉中心是（　　）。

图 1.21　SONY 广告

A. 床柜组合　　　　B. 台灯　　　　C. 枕头组合　　　　D. 被褥

（2）一般用来表现背景状况的图像构成要素是（　　）。

A. 点　　　　B. 线　　　　C. 面　　　　D. 色

（3）如图 1.22 所示的广告中的字体组合能充分表现（　　）。

图 1.22　服装广告

A. 产品特性　　　　B. 品牌形象　　　　C. 客户类型　　　　D. 促销活动

（4）应用于电视、电脑等主动发光物品的一般是（　　）。

A. 有彩色　　　　　　　　　　　　　　B. 无彩色

C. 色光三原色　　　　　　　　　　　D. 色料三原色

（5）商业设计的文案部分，最不能省略的是（　　）。

A. 标题　　　　　　B. 正文　　　　　　C. 导语　　　　　　D. 附文

（6）如图 1.23 所示的广告运用了哪种构图法则（　　）。

图 1.23　京东生鲜广告

A. 统一法则　　　　B. 对称法则　　　　C. 对比法则　　　　D. 均衡法则

（7）如图 1.24 所示的广告运用了哪种构图类型（　　）。

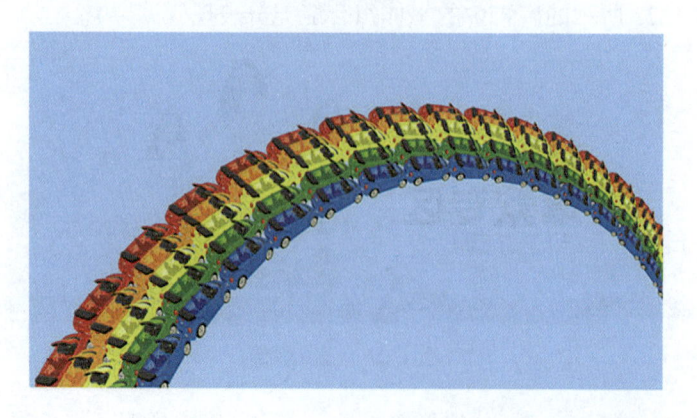

图 1.24　大众广告

A. 横式　　　　　　B. 中心式　　　　　C. 对角线式　　　　D. 三角式

二、多选题

（1）以下关于人看事物的视觉流程规律，其中描述正确的是（　　）。

A. 习惯于从左往右浏览　　　　　　B. 习惯于从上往下浏览

C. 一般先看细节，再看全部　　　　D. 只按空间顺序浏览

（2）以下哪些是彩色（　　）。

A. 黑　　　　　　　B. 白　　　　　　　C. 红　　　　　　　D. 蓝

（3）商业设计中，可以用于标题的字体包括哪些（　　）。

A. 宋体类　　　　　B. 黑体类　　　　　C. 书法体类　　　　D. 创意体类

（4）以下哪些属于文案的导语部分（　　）。

A. 味道好极了

B. 就是这个味儿

C. 人生最好的礼物还是运动

D. 我不要一刻钟的名声，我要一种生活

（5）以下关于"井"字构图类型的描述中，正确的是哪些（　　）。

A. 也叫黄金比例构图

B. 可以表现动感、和谐等不同形式的视觉心理

C. 主体元素需偏离构图交叉点

D. 只运用于特殊的商业设计

（6）能表现"稳定"心理的构图类型是哪些（　　）。

A. 横式　　　　　　B. 竖式　　　　　　C. 中心式　　　　　D. 三角式

（7）以下哪些构图的形式美法则可以利用视觉要素数量的变化来表现（　　）。

A. 统一　　　　　　B. 均衡　　　　　　C. 韵律　　　　　　D. 疏密

三、思考题

（1）如何能有效形成视觉中心？

（2）怎样才能撰写好的文案？

（3）视觉设计有哪些特殊的构图方式？

项目二
市场营销基础

【学习目标】

1. **知识目标**

掌握环境、市场、竞争等关键营销要素的分析内容与方法等基本原理,掌握营销目标、营销竞争、STP 等核心营销战略的策划内涵与技巧,掌握 4P 营销策略的策划内涵与技巧。

2. **能力目标**

能够运用市场营销分析与策划的核心原理,分析评价企业实施的各种营销战略与策略。

3. **素质目标**

从事视觉设计岗位,培养高效的个人工作能力和团队合作精神,同时培养吃苦耐劳、敢于承担重任、勇于创新、大胆突破等商业工匠精神。

任务一 掌握营销分析

【导读】

国内著名营销大师

叶茂中（1969—2022），江苏泰州人，中国营销策划十大风云人物及中国广告十大风云人物、中央电视台广告策略顾问、清华大学特聘教授、中国著名营销策划专家和品牌管理专家、叶茂中营销策划机构创始人兼董事长。2003年入选十大广告公司经理人，2004年入选影响中国营销进程25位风云人物，2006年荣获"中国广告25年突出贡献奖"。2021年9月，由中国品牌策划产业研究会评估和发布的品牌策划行业权威榜单《2021年度中国十大营销策划公司总评榜》揭晓，叶茂中位居榜首。叶茂中除了是一位著名策划人之外，也是一位艺术家，他还于全国各地举办过大型个展。

叶茂中出版的代表作有《营销的16个关键词》《广告人手记》《创意就是权力》《谁的生意被策划照亮》《新策划理念》系列等。"地球人都知道""男人，就应该对自己狠一点""洗洗更健康""30岁的人60岁的心脏，60岁的人30岁的心脏"等著名广告语都出自叶茂中之手。

（资料来源：叶茂中_百度百科 baidu.com）

> 叶茂中的经历带给视觉营销从业人员的启发有以下两点：
> 第一，要专注于工作、职业和事业，并做到极致。对于中国的电商视觉营销工作人员来说，就是要坚定专业自信、事业自信、道路自信、理论自信、文化自信。
> 第二，不断地学习、广泛地学习。就是要培养视觉营销人员爱岗敬业、精益求精、严谨规范、勇于创新等职业品格、行为习惯和工匠精神。

市场营销分析是指企业在规定时间内对各个营销活动、销售工作等进行的总结、分析、检验及评估，并对下阶段的营销工作提出修正意见，对某些区域的营销策略进行布局调整，甚至对某些区域的销售目标计划予以重新制定。市场营销分析工作是企业营销管理工作中一项极其重要的内容。

狭义的营销分析一般就是指市场营销环境分析。市场营销环境泛指一切影响和制约企业市场营销决策和实施的内部条件和外部环境的总和，是指企业在其中开展营销活动并受之影响和冲击的不可控行动者与社会力量，如供应商、顾客、文化与法律环境等。根据企业营销活动影响因素的范围大小，市场营销环境通常分为两个关键环境，即宏观环境、微观环境。

研究市场营销环境的目的是，通过对环境变化的观察来把握趋势，以发现发展的新机会避免这些变化所带来的威胁。营销者的职责在于正确识别市场环境所带来的可

能机会和威胁，从而调整企业的营销策略以适应环境变化。

一、营销分析内容

（一）宏观环境分析

【案例】

海尔：沙尘暴里寻商机

自2002年3月下旬以来，我国北方绝大部分地区都受到了沙尘暴或沙尘天气的影响，沙尘所到之处天空昏暗、空气混浊，居民即使紧闭门户，在粉尘飞扬的室内也很难舒畅呼吸。沙尘暴已不折不扣成为北方越来越频繁的"城市灾难"。但中国著名的家电品牌海尔集团却在此次沙尘暴中独具慧眼，在灾难中发现了巨大商机。

海尔"防沙尘暴Ⅰ代"商用空调，正值沙尘暴肆虐北方大地、人们生活饱受沙尘之扰苦不堪言时推出，可谓"雪中送炭"。该产品在有限的空间内，有效地将沙尘暴的危害降低到最小，为其使用者筑起一道健康的防护墙。

据悉，在海尔"防沙尘暴Ⅰ代"商用空调推向市场的两周内，仅在北京、西安、银川、太原、天津、济南等十几个城市就卖出去了3 700多套，部分城市甚至出现了产品供不应求、人们争购的局面。仅凭"防沙尘暴Ⅰ代"商用空调，海尔商用空调在2002年3月份的销量便达到了2001年同期的147.8%。

当多数人都看到沙尘暴的危害时，海尔却看出了商机，根据市场的变化、人们的个性化需求，迅速推出了最受北方地区欢迎的产品——防沙尘暴Ⅰ代商用空调。目前国内生产空调的企业已达400多家，家电企业更是多不胜数，为什么仅海尔能做到这一点呢？不难看出海尔在反应速度、市场应变能力、个性化产品开发、技术力量的转化方面所具有的强大优势。这大概也是海尔今天能发展成为知名的国际化大企业，而其他企业却难以企及的原因所在了。

据环境监测专家称，2002年我国北方地区沙尘暴形势比较严峻，而且是频繁发生，自1999年起，我国进入新一轮沙尘天气的频发期，这也是继五六十年代以来我国所遭受的最严重的沙尘暴侵袭。据悉，仅在2001年，我国监测网络就观测到32次沙尘暴现象，虽然我国已启动一系列重大环保工程来恢复沙尘暴源区和附近地区的植被、生态环境，力图从源头控制沙尘暴的爆发，但这也并不能在短期内解决我国北方地区的沙尘暴问题。据专家估计，即使国家环保措施得力，最快也要15～20年方能从根本上解决沙尘暴问题，在这期间沙尘暴仍将频频发生。

沙尘暴给人们带来的种种危害，使人们"谈沙色变"。它使沙尘漫天，空气中弥漫着一股土腥味，外出不便，车辆、楼窗、街道乃至整个城市都蒙上了层层灰尘。但由此也引发了一股"沙尘暴经济潮"，精明的商家看出了其中蕴含的无限商机，采取了相应的策略，从而带动了车辆洗刷、家政服务、环卫清扫、吸尘器、空调、墨镜、口罩等行业的兴旺。如海尔集团便在沙尘暴出现之际迅速开发推出了"防沙尘暴Ⅰ代"商用空调,受到我国北方地区人们的欢迎,其销售业绩在短期内便得到了大幅提高。

应该说有了市场需求才有相应的产品产生,既然在短期内我国北方地区无法从根本上解决沙尘暴的问题,那么只有采取种种防御措施,尽可能将沙尘暴给日常生活带来的负面影响降低到最小程度。海尔"防沙尘暴Ⅰ代"商用空调的应运而生,给处于沙尘之中的人们带来了重新享受清新生活的希望。这种采用多层HAF过滤网技术,拥有独特的除尘功能、离子集尘技术的海尔"防沙尘暴Ⅰ代"商用空调,可以清除房间内因沙尘暴带来的灰尘、土腥味及各种细菌微粒,经过滤后的空气犹如森林中的一般清新,从而为人们在日常生活中抵御沙尘暴的侵袭筑起了一道道绿色的防护城。

(资料来源:营销环境分析-案例分析 - 百度文库 baidu.com)

宏观市场营销环境是指大范围的、对企业营销活动能产生重要影响的社会约束力量。一般分析人口、自然、科技、文化风俗等领域。如上文案例中的海尔公司,能持续不断观察市场营销宏观环境给公司带来的变化,推出新产品,可见环境分析的重要性。

1. 人口环境分析

人口是构成市场的第一位因素。人口的多少直接决定着市场的潜在容量,人口越多市场规模就越大。人口的年龄结构、地理分布、婚姻状况、出生率、死亡率、密度、流动性及其文化教育等特性会对市场格局产生深刻影响,并直接影响着企业的市场营销活动。人口环境分析一般可从人口总量、人口结构、地理分布、家庭组成、教育和职业等几方面进行。

2. 经济环境分析

经济环境是指影响企业市场营销方式与规模的经济因素,主要包括收入与支出水平、储蓄与信贷及经济发展水平等因素。经济环境分析一般可从收入与支出状况、经济发展水平等几方面进行。

3. 自然环境分析

这里主要是指自然物质环境,即自然界提供给人类各种形式的物质财富,如矿产资源、森林资源、土地资源、水力资源等。当代自然环境最主要的动向是:自然资源日益短缺、能源成本趋于提高、环境污染日益严重、政府对自然资源的管理和干预不断加强,所有这些都会直接或间接地给企业带来威胁或机会。因此,企业必须积极从事研究开发,尽量寻求新的资源或代用品;同时要有高度的环保责任感,善于抓住环保中出现的机会,推出"绿色产品""绿色营销",以适应世界环保潮流。

4. 政治法律环境分析

政治环境是指企业市场营销活动的外部政治形势和状况以及国家的方针和政策。企业对政治环境的分析,就是分析政治环境的变化给企业的市场营销活动带来的或可能带来的影响。法律环境是指国家或地方政府颁布的各项法规、法令和条例等。法律环境对市场消费需求的形成和实现具有一定的调节作用。

政治因素像一只有形之手，调节着企业营销活动的方向；法律因素规定了企业营销活动及其行为的准则。政治与法律相互联系，共同对企业的市场营销活动产生影响、发挥作用。

5. 科学技术环境分析

科学技术是社会生产力最活跃的因素，不仅直接影响着企业内部的生产和经营，同时还与其他环境因素互相依赖、相互作用，尤其与经济环境、文化环境的关系更为紧密，如新技术革命，既给企业的市场营销创造了机会，同时也造成了威胁。

6. 社会文化环境分析

文化环境所蕴含的因素主要有社会阶层、家庭结构、风俗习惯、宗教信仰、价值观念、消费习俗、审美观念等。在企业面临的诸方面环境中，社会文化环境是较为特殊的：它不像其他环境因素那样显而易见与易于理解，却又无时不在地深刻影响着企业的营销活动。无数事例说明，无视社会文化环境的企业营销活动必然会陷入被动或归于失败。

（二）微观环境分析

微观市场营销环境是指与企业紧密相连、直接影响企业营销能力和效率的各种力量和因素的总和，主要包括企业自身、供应商、营销中介、顾客、竞争者及社会公众。这些因素与企业有着双向的运作关系，在一定程度上，企业可以对其进行控制或施加影响。微观营销环境分析的目的是评价掌握有利于企业发展的外部力量，为制定战略与战术奠定基础。

1. 内部分析

对于应对市场变化而言，企业内部环境和外部环境同样重要。所有从内部影响企业的因素都称之为内部环境，一般可以归纳为五个方面：员工、资金、设备、原料、市场。也就是说，企业营销部门在制订营销计划、开展营销活动时要兼顾其他部门，如财务部门、研发部门、采购部门、生产部门等，必须协调和处理好各部门之间的矛盾和关系，所有这些相互联系的群体组成了企业的内部环境。内部环境分析是为了评价企业内部能力是否达到外部有利机会的要求。

2. 顾客分析

顾客是企业服务的对象，也是营销活动的出发点和归宿，它是企业最重要的微观环境因素之一。按照顾客的购买动机，顾客市场可分为消费者市场、生产者市场、中间商市场、政府市场和国际市场等五种类型。

购买行为分析

顾客购买行为分析是顾客分析的核心内容。购买行为是顾客围绕购买生活生产资料所发生的一切与消费相关的行为，包括从需求动机的形成到购买行为的发生直至购后感受总结这一购买过程中所展示的心理活动、生理活动及其他实质活动。市场营销学把购买动机行为概括为6W-6O，从而形成顾客购买行为分析研究的基本框架（见表 2.1）。

表 2.1　6W-6O 分析简表

6W	6O	行为分析
What 需要什么	Objects 有关产品	通过分析顾客希望购买什么、为什么需要这种商品而不是需要那种商品，研究企业应如何提供适销对路的产品去满足顾客的需求
Why 为何购买	Objectives 购买目的	通过分析购买动机（生理、自然、经济、社会、心理因素的共同作用）的形成，了解顾客的购买目的，采取相应的市场策略
Who 购买者是谁	Organizations 购买组织	分析购买者是个人、家庭还是集团，产品供谁使用，谁是购买决策者、执行者、影响者。根据分析，组合相应的产品、渠道、定价和促销策略
How 如何购买	Operations 购买组织的行为	分析购买者对购买方式的不同要求，有针对性地提供不同的营销服务。如经济型购买者追求性能和廉价，冲动型购买者追求情趣和外观，手头拮据的购买者要求分期付款，工作繁忙的购买者重视购买方便和送货上门等
When 何时购买	Occasions 购买时机	分析购买者对特定产品的购买时间的要求，把握时机，适时推出产品，如分析自然季节和传统节假日对市场购买的影响程度等
Where 何处购买	Outlets 购买场合	分析购买者对不同产品的购买地点的要求。如方便品顾客一般要求就近购买，选购品则要求在商业区（地区中心或商业中心）购买，特殊品往往会要求直接到企业或专业商店购买等

3. 竞争者分析

竞争者是指与企业存在利益争夺关系的其他经济主体。企业的营销活动常常受到各种竞争者的包围和制约，因此，企业必须识别各种不同的竞争者，并采取不同的竞争对策。

竞争者分析

第一，确认竞争者。企业的竞争者一般是指那些与本企业提供类似的产品和服务，并具有相似的目标顾客和相似的产品价格的企业。主要分析愿望竞争者、一般竞争者、产品形式竞争者、品牌竞争者等几种竞争者类型。

第二，收集竞争者情报信息。通常要收集各个竞争者过去几年内的资料，包括目标、策略和执行能力等。有些信息收集起来往往比较困难，企业可通过第二手资料、个人资料、传闻来明确竞争者的强弱。一般情况下，分析竞争者时必须注意三个变量：市场份额，即竞争对手所拥有的销售份额；心理份额，即认为竞争对手在心目中排名第一的顾客所占的份额；感情份额，即认为竞争对手的产品是最喜爱的产品的顾客所占份额。

第三，判断竞争者目标。每一个竞争者有一个目标组合，其中每一个目标都有其不同的重要性，如获利能力、市场占有率及其成长性、现金流量、技术领先、服务领

先等。在了解竞争者的组合目标后，就可以判断竞争者对其现状是否满意以及它对不同的竞争行动可能采取的反应，这有助于企业营销战略与决策的制定。

第四，确定竞争策略。行业与企业之间的策略越相似，其竞争也就越激烈。在多数行业中，根据所采取的策略不同，可将竞争者分成几个策略群体。一般企业适合进入壁垒较低的群体，而实力雄厚的大企业则可以进入竞争性强的群体。进入某一策略群体后，应先确定主要的竞争者，然后再决定本企业相应的竞争策略。

4. 供应商分析

供应商是指向企业及其竞争者提供生产经营所需资源的企业或个人。供应商所提供的资源主要包括原材料、零部件、设备、能源、劳务、资金及其他用品等。供应商对企业的营销活动有着重大的影响，主要表现在供货的稳定性与及时性、供货的价格变动，以及供货的质量水平等方面。

今天，大多数营销者把供应商视为创造和传递客户价值的合作伙伴，如下文案例中的东风公司，不但与供应商建立了紧密的商务合作关系，还把建设廉洁从业、合规运营的供应商诚信管理评价体系作为重要工作。

【案例】

东风：深化与供应商合作方廉洁共建

自2020年年底开始，东风公司各二级单位相继召开供应商大会。与过去不同的是，此次供应商大会更加凸显廉洁主题。东风日产供应商大会首次公布东风公司2020年以来的立案、党纪处分和留置情况，传递东风公司旗帜鲜明惩治腐败、驰而不息正风肃纪的决心。东风汽车股份公司供应商大会提出合规运营准则要求——守住底线、不踩红线、共建防线，并要求员工严格遵守"三不准"规定，即在工作地不准接受供应商任何形式的宴请，非公务期间在任何地方不准接受供应商的宴请，在供应商处工作期间不准接受供应商的宴请。东风商用车供应商大会明确构建供应商诚信管理评价体系，坚持诚信、透明经营，廉洁从业，对违规行为零容忍。

面对产业链长、业务往来频繁、交易金额大、廉洁风险较高等特点，东风公司不断深化与供应商及合作方的廉洁共建，推进内外"双向治理"，推动建立廉洁、诚信、共赢的合作关系。通过廉洁共建协议划出双方行为红线。推行"双签"机制，即与合作方签订业务合同的同时，签订廉洁共建协议，明确双方廉洁从业的责任、义务、负面行为、处罚条款、监督举报方式等内容；对于违反协议的合作方，视情节采取约谈、警告、罚款、下调合作评价等级、列入"黑名单"等方式进行处罚。2020年，东风日产对监督检查发现的供应商寄送购物卡、虚开发票等问题，启动处罚程序，开展约谈和罚款，将26家供应商纳入"黑名单"，使廉洁从业要求从"软约束"变为"硬杠杠"。通过机制完善守住双方廉洁底线，深化采购、销售、广告、研发、废旧物资处置等重点领域专项治理，健全完善监督制约机制。

（资料来源：https://www.ccdi.gov.cn/yaowen/202101/t20210104_233201.html）

5. 营销中介分析

营销中介是指为企业融通资金、销售产品，给最终购买者提供各种有利于营销服务的机构，包括中间商、实体分配公司、营销服务机构、金融中介机构等。它们是企业进行营销活动不可缺少的中间环节，企业的营销活动需要它们的协助才能顺利进行，如生产集中和消费分散的矛盾需要中间商的分销予以解决，广告策划需要得到广告公司的合作等。

1）中间商

中间商是协助企业寻找顾客或直接与顾客进行交易的商业企业，包括代理中间商和经销中间商。代理中间商不拥有商品所有权，专门介绍客户或与客户洽商签订合同，包括代理商、经纪人和生产商代表。经销中间商购买商品并拥有商品所有权，主要有批发商和零售商。

2）实体分配公司

主要指协助生产企业储存产品并将产品从原产地运往销售目的地的仓储物流公司。实体分配包括包装、运输、仓储、装卸、搬运、库存控制和订单处理等方面，基本功能是调节生产与消费之间的矛盾，弥合产销时空上的背离，提供商品的时间和空间效用，以利适时、适地和适量地将商品供给消费者。

3）营销服务机构

主要指为生产企业提供市场调研、市场定位、促销产品、营销咨询等方面服务的机构，包括市场调研公司、广告公司、传媒机构及市场营销咨询公司等。

4）金融中介机构

主要包括银行、信贷公司、保险公司以及其他对货物购销提供融资或保险的各种金融机构。企业的营销活动会因贷款成本的上升或信贷来源的限制而受到严重的影响。

6. 公众分析

公众是指对企业实现营销目标的能力有实际或潜在利害关系和影响力的团体或个人。公众对企业的营销活动有着直接或间接的影响，处理好与广大公众的关系，是企业营销管理的一项极其重要的任务。企业需要分析的主要公众如表 2.2 所示。

表 2.2　企业需要分析的主要公众

公众分类	公众内涵
融资公众	指影响企业融资能力的金融机构，如银行、投资公司、证券经纪公司、保险公司等
媒介公众	指报纸、杂志社、广播电台、电视台等大众传播媒介，它们对企业的形象及声誉的建立具有举足轻重的作用
政府公众	指负责管理企业营销活动的有关政府机构。企业在制定营销计划时，应充分考虑政府的政策，研究政府颁布的有关法规和条例
社团公众	指保护顾客权益的组织、环保组织及其他群众团体等。企业营销活动关系到社会各方面的切身利益，必须密切注意并及时处理来自社团公众的批评和意见

续表

公众分类	公众内涵
社区公众	指企业所在地附近的居民和社区组织
一般公众	指上述各种公众之外的社会公众。一般公众虽然不会有组织地对企业采取行动，但企业形象会影响他们的惠顾
内部公众	指企业内部的公众，包括股东、董事会、经理、企业职工

二、营销分析方法

（一）PEST 分析法

PEST 分析法是宏观环境分析的主要方法，即着重分析政治环境（Political environment）、经济环境（Economic environment）、社会环境（Social environment）、技术环境（Technical environment），主要分析内容如图 2.1 所示。其目的是评价掌握有利于企业发展的外部机会，为制定战略奠定基础。

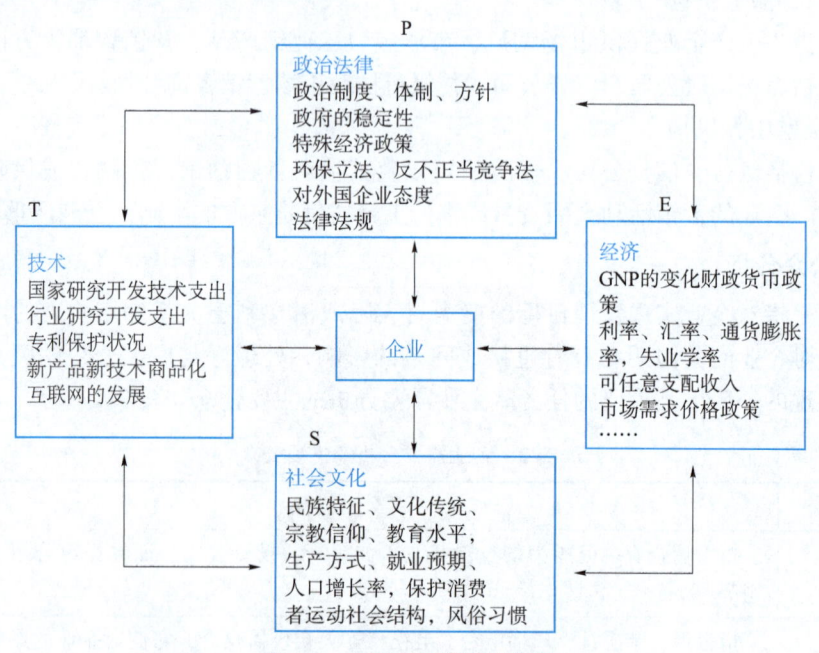

图 2.1 PEST 主要分析内容

（二）矩阵分析法

由波士顿矩阵分析法演变而来，一般包括威胁矩阵分析法、机会矩阵分析法、机会—威胁矩阵分析法等，具体如下所述。

【引申】

波士顿（BCG）矩阵分析法

波士顿矩阵分析法又称市场增长率—相对市场份额矩阵、波士顿咨询集团法、四象限分析法、产品系列结构管理法等。该方法是由波士顿咨询集团（Boston Consulting Group，BCG）在上世纪70年代初开发的。

BCG矩阵将组织的每一个战略事业单位（Strategic Business Unit，SBU）标在一种二维的矩阵图上，从而显示出哪个SBU提供高额的潜在收益、哪个SBU是组织资源的漏斗。BCG矩阵的发明者、波士顿公司的创立者布鲁斯认为"公司若要取得成功，就必须拥有增长率和市场份额各不相同的产品组合。组合的构成取决于现金流量的平衡。"如此看来，BCG的实质是为了通过业务的优化组合实现企业的现金流量平衡。

BCG矩阵区分出4种业务组合：明星型业务，高增长、高市场份额；问题型业务，高增长、低市场份额；现金牛业务，低增长、高市场份额；瘦狗型业务，低增长、低市场份额。

1. 威胁矩阵分析法

威胁是指环境中不利于企业营销的因素的发展趋势，对企业形成挑战，对市场地位构成威胁。以威胁发生概率、严重性两个指标构成二维矩阵，区分出4种组合。如图2.2（a）所示，对于组合1，即关键性的威胁，会严重危害公司利益且出现可能性大，应准备应变计划；对于组合2和组合3，不需准备应变计划，但需密切关注，可能发展成严重威胁；对于组合4，威胁较小，一定时间内可不加理会。

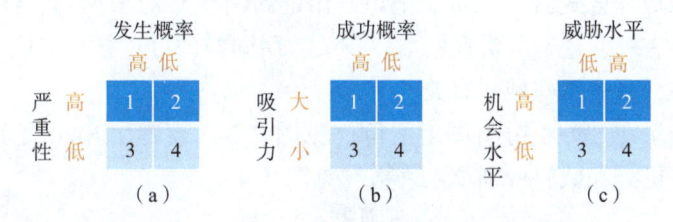

图 2.2 威胁矩阵分析

（a）威胁矩阵；（b）机会矩阵；（c）机会-威胁矩阵

2. 机会矩阵分析法

市场机会是指对企业营销活动富有吸引力的领域，在该领域该企业拥有竞争优势。以成功概率、吸引力两个指标构成二维矩阵，区分出4种组合。如图2.2（b）所示，对于组合1，是最佳机会，应准备若干计划以追求其中一个或几个机会；对于组合2和组合3，应密切注视，可能成为最佳机会；对于组合4，机会太小，不予考虑。

3. 机会-威胁矩阵分析法

以机会水平、威胁水平两个指标构成二维矩阵，区分出4种组合。如图2.2（c）所示，组合1是理想业务，市场机会很多，严重威胁很少，理想业务必须抓住机遇，

迅速行动；组合2是冒险业务，市场机会很多，威胁也很严重，对于冒险业务不宜盲目冒进，也不应迟疑不决，坐失良机；组合3是成熟业务，市场机会很少，威胁也不严重。成熟业务可作为企业常规业务，用以维持企业的正常运转；组合4是困难业务，市场机会很少，威胁却很严重，对于困难业务要么努力改变环境走出困境、减轻威胁，要么立即转移，摆脱困境。

（三）SWOT分析法

SWOT分析法也称TOWS分析法、道斯矩阵、态势分析法。20世纪80年代初由美国旧金山大学的管理学教授韦里克提出，经常被用于企业战略制定、竞争对手分析等场合。SWOT分析法是一个众所周知的工具，包括分析企业的优势（Strengths）、劣势（Weaknesses）、机会（Opportunities）和威胁（Threats）。SWOT分析法实际上是将对企业内外部条件各方面内容进行综合和概括，进而分析组织的优劣势、面临的机会和威胁的一种方法。

SWOT分析法是基于内外部竞争环境和竞争条件下的态势分析，就是将与研究对象密切相关的各种主要内部优势、劣势和外部的机会和威胁等，通过调查列举出来，并依照矩阵形式排列，然后用系统分析的思想，把各种因素相互匹配起来加以分析，从中得出一系列相应的结论，而结论通常带有一定的决策性。其分析步骤为：

第一，确认当前的战略是什么？

第二，确认企业外部环境的变化。

第三，根据企业资源组合情况，确认企业的关键能力和关键限制。

第四，按照矩阵方式打分评价。把识别出的所有优势分成两组，注意它们是与行业中潜在的机会有关，还是与潜在的威胁有关。用同样的办法把所有的劣势分成两组，一组与机会有关，另一组与威胁有关。

第五，将结果在SWOT分析图上定位（见图2.3）或者用SWOT分析表，将刚才的优势和劣势按机会和威胁分别填入表格（见图2.4）。

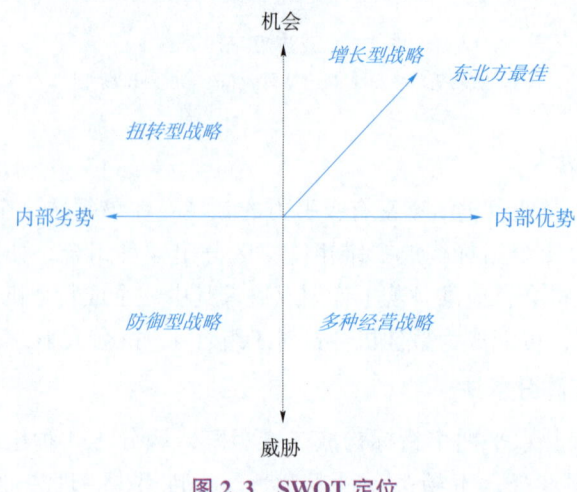

图2.3　SWOT定位

	内部因素		
外部因素	2 利用这些	3 改进这些	机会
	4 监视这些	1 消除这些	威胁
	优势	劣势	

图 2.4　机会威胁

SWOT 分析技巧

运用 SWOT 分析法，可以对研究对象所处的情境进行全面、系统、准确的研究，从而根据研究结果制订相应的发展战略、计划以及对策等。

任务二　掌握营销策划

【导读】

国内著名营销大师

李光斗（1966—），内蒙古呼和浩特人，著名品牌战略专家、央视品牌顾问、品牌竞争力学派创始人。先后担任多家著名企业的常年品牌战略和营销广告顾问，荣膺中国自主品牌领军人物，被评为影响中国营销进程的 25 位风云人物之一。

出版的代表作有《双循环经济学：反周期和逆增长》《故事营销（全新修订版）》、《区块链财富革命》《插位：颠覆竞争对手的品牌营销新战略（升级版）》《魔鬼营销》《品牌竞争力》等。

李光斗主要影视广告作品有《小霸王学习机·望子成龙篇》《小霸王学习机·小儿郎上学堂篇》《爱多 VCD·成龙好功夫篇》《伊利冰淇淋·找朋友篇》《伊利奶粉·风吹草低见牛羊篇》《蒙牛纯牛奶·美丽的草原我的家篇》《蒙牛纯牛奶·世上只有妈妈好篇》《古越龙山·陈宝国竹林对酌篇》《夏进乳业·全家好红白陈好篇》等。

（资料来源：李光斗（品牌战略专家）_百度百科 baidu.com）

李光斗的经历带给视觉营销从业人员的启发有以下两点：

第一，不断探寻适合自己的工作方法，并坚持下去。培养视觉营销人员爱岗敬业、精益求精、坚持不懈、开拓创新等职业品格、行为习惯和工匠精神。

第二，金钱至上的价值观并不可取，中国的视觉营销人员必须培育和践行正确的价值观——社会主义核心价值观。就是要把国家、社会、公民的价值要求融为一体，提高个人的爱国、敬业、诚信、友善修养，自觉把小我融入大我，不断追求国家的富强、民主、文明、和谐和社会的自由、平等、公正、法治，将社会主义核心价值观内化为精神追求，外化为自觉行动。

市场营销策划是指企业为实现某一营销目标或解决营销活动的问题，在对内外部环境全面分析的基础上有效地调动企业的各种资源，对一定时间内的营销活动进行创新策略设计。主要包括市场营销目标、营销战略策划、营销策略策划等内容。市场营销策划不仅是企业在竞争中求生存、求发展的管理利器，更是企业竞争取胜的法宝。实施时应遵循创新原则、系统原则、人本原则和效益原则。

一、营销目标策划

（一）营销目标

营销目标是指企业在中短期内要实现的，以定量或定性标准构成的具体的商业性指标体系，是企业整体目标的有机组成部分。营销目标提供了一个指引性的框架，即公司在市场中如何参与竞争，是营销战略的向导、是营销计划执行与控制的衡量尺度。

营销策划目标一般包括财务目标和营销目标两类。其中财务目标由利润额、销售额、市场占有率、投资收益率等指标组成，具体如表2.3所示。

营销目标优化

表2.3　营销策划目标

目标类型	目标内容
贡献目标	产品（数量和质量）、节约资源状况、保护环境、利润等
市场目标	市场渗透、新市场开发、市场占有率提高、销售额增长、顾客忠诚度提高等
竞争目标	行业地位的巩固或提升等
发展目标	销售资源扩充、生产能力扩大、经营方向和形式发展等

（二）策划原则

SMART原则是营销目标策划经常被提及的重要原则，具体如下：

1. 明确性原则（Specific）

就是要用具体语言清楚地说明要达成的目标标准，是所有成功策划的一致特点。比如，增强客户意识、客户投诉率由3%下降到1.5%。

2. 衡量性原则（Measurable）

目标应该明确而不是模糊，有一组明确的数据作为衡量是否达到目标的依据。比如，为所有老员工安排进一步的管理培训，课程结束后员工平均成绩达到85分以上等。

3. 实现性原则（Attainable）

目标是要让执行人实现、达到的。目标设置要坚持员工参与、团队沟通，使拟定的工作目标在组织及个人之间达成一致。

4. 相关性原则（Relevant）

指实现此目标与其他目标的关联情况。如果实现了这个目标，但与其他目标完全不相关，或者相关度很低，这个目标即使达到了意义也不大。

5. 时限性原则（Time-limited）

目标是有时间限制的，必须配合营销策划的时间阶段，要根据营销策划工作的权重以及轻重缓急程度，定期检查策划完成进度，以方便及时进行工作指导、调整营销计划。

二、营销战略策划

从本质上来说，营销战略就是从企业价值观、使命出发，定位向哪些市场提供哪些产品，有什么竞争优势让顾客选择，如何发挥优势、保持竞争优势。营销战略策划是由营销部门制定，在确定目标基础上，通过市场机会、行动变动、竞争者、顾客分析、产品定位和目标市场的选择，根据市场情况所制定的营销计划。

（一）竞争战略策划

1. 市场防御策划

在竞争中采取防御战略的大多数是市场领先者。在市场中采取防御姿态，面对市场挑战的主动进攻稳扎稳打，保护自己的市场份额，但守住原有阵地很不容易。市场防御战略一般有如表2.4所示的几种方式。

表2.4 市场防御战略

防御战略名称	战略说明
先发制人防御	在对手欲发动进攻的领域内或是在其可能发动进攻的方向上先发制人，在对手攻击前就挫伤它，使其无法再进攻或不敢轻举妄动
反击式防御	在对手发动进攻时，不只采取单纯的防御，而是主动组织进攻以挫败对手
阵地防御	在现有的市场四周筑起一个牢固的防御工事，防止竞争者的入侵。典型做法是向市场提供较多的产品品种和采用较大的分销覆盖面，并在同行业中尽可能采取低价策略。这是被动型防御和静态型防御，若企业把全部资源用于建立保卫现有产品上，是相当危险的
侧翼防御	市场领先者不仅应该保卫好自身的领域，而且应该在侧翼或易受攻击处建立防御阵地，不给对手可乘之机

续表

防御战略名称	战略说明
运动防御	不仅防御眼前的阵地，同时也扩展新的市场，作为未来防御和进攻的中心。该方法主要通过市场拓宽和市场多样化的创新活动来进行，形成一定的战略深度。具体运用时必须把握好拓宽的度，过度拓宽会分散力量，难以应付。市场多样化是指进入不相关的行业扩展经营业务
收缩防御	市场领先者因为自己的业务范围太广泛而使自己的力量太分散时，对市场竞争者的进攻应该收缩战线，将力量集中到企业应该保持的业务范围或领域内。收缩防御并不是放弃企业现有的细分市场，而是放弃较弱的领域，把力量重新分配到较强的领域

2. 市场进攻策划

在确定了营销目标和进攻对象之后，作为挑战者的企业可以策划选择如表 2.5 所示的进攻战略。

表 2.5　市场进攻战略

进攻战略名称	战略说明
正面进攻	集中全力面对主要阵地发起进攻，而不是攻击其弱点。正面进攻的成败取决于双方力量的对比。条件是挑战者必须在产品、广告、价格等主要方面超过对手，才有取得成功的可能性。另一种方式是投入大量研究与开发经费，降低产品成本，以降低价格的手段向对手发动进攻，这是建立持续的正面进攻战略的最有效的基础方式之一
侧面进攻	集中优势力量攻击对手的弱点。可以分为两种情况：一是地理性侧面进攻，即在全国或全世界寻找对手力量薄弱的地区发动进攻；二是细分性侧面进攻，即寻找主导企业尚未占领的细分市场，并迅速填补空缺。侧面进攻符合现代营销观念，即发现需要并设法满足它
包围进攻	这是一种全方位、大规模的进攻战略。当进攻者具有资源优势，并确信围堵计划的完成足以打垮对手时可采用这种战略。进攻者可向市场提供比对手多的各种产品。由于进攻是在几条战线上同时发动的，并且深入到对手的领域中，对方必须同时保卫自己的前方、边线和后方
迂回进攻	避开对手的现有阵地而迂回进攻。具体办法：一是发展无关的产品，实行产品多元化；二是以现有的产品进入新的市场，实行市场多元化；三是发展新技术、新产品取代现有产品
游击进攻	对不同的领域或竞争对手进行间歇性的小型打击，目的在于瓦解竞争对手的士气，逐步提高自己的市场地位。游击进攻的特点是灵活机动，因此对手很难防范。游击进攻特别适用于规模小或资本不大的挑战者

3. 市场追随策划

假定目标市场上已有先切入的品牌，但是还没有建立领导地位，则市场追随策划的最简单、最有效的战略如表 2.6 所示。

表 2.6　市场追随战略

追随战略名称	战略说明
紧密跟随	在各个细分市场和营销组合方面尽可能仿效主导领先者。跟随者有时好像是挑战者，但只要不从根本上侵犯到主导者的地位，就不会发生直接冲突
选择跟随	在有些方面紧跟主导者，但在另一些方面自行其是。也就是说，这不是盲目跟随，而是有选择地跟随，在跟随的同时还要发挥自己的独创性，但不进行直接地竞争。采取选择跟随时必须集中精力去开拓适合本企业的那些市场，这样才有可能赢得丰厚利润，甚至超过市场主宰者
距离跟随	在目标市场、产品创新、价格水平和分销渠道等方面都追随主导者，但仍与主导者保持若干差异。这样领先者并不注意，模仿者也不进攻主导者

（二）STP 战略策划

STP 即目标营销战略，即通过市场细分、目标市场、市场定位三个步骤，完成对目标市场的开发。

1. 市场细分（Segmenting）

市场细分是指企业通过市场调研，根据市场需求的多样性和异质性，依照一定的标准，把整体市场即全部顾客和潜在顾客划分为若干个子市场的市场分类过程。每一个子市场就是一个细分市场，一个细分市场内的顾客具有相同或相似的需求特征，而不同的子市场之间却表现为明显的需求差异。显然，市场细分的客观基础是有差异的顾客需求。

1）消费者市场细分标准

由于造成消费者需求差异性的因素很多，所以消费者市场细分的标准也呈多样化。但随着市场细分化理论在企业营销中的普遍应用，消费者市场细分标准逐步被归纳为四大类：第一，地理因素，如国家、地区、城镇规模、交通运输条件、气候及人口密度等。第二，人口因素，如年龄、性别、家庭规模、家庭生命周期、社会阶层、收入、职业、教育、宗教、种族、代沟、国籍等。第三，心理因素，如消费者的心理特征、生活方式、社会阶层、个性等。第四，行为因素，如购买时机、使用频率、追求利益、忠诚度等。

以上提出的四项标准及其所含变数，是一般企业常用的标准，这并不意味着适用于任何消费品的市场细分，也不表示所有细分只限于以上变数。企业应该根据具体情况来确定细分标准，通常选择其中与消费者购买行为关联性最强的变数作为市场细分标准。

2）生产者市场细分标准

生产者市场的购买者主要是企业用户，其购买决策主要由专业人员做出。与消费者市场相比，生产者市场无论在消费主体、消费对象、购买方式、购买周期变化等方面，都有许多特殊性。因此，生产者市场细分除了可使用消费者市场的一些细分标准（如地理环境因素、追求利益等）之外，还要根据其特点选择一些能够反映各类生产者市场特征及其差异的细分变量，作为生产者市场细分标准。第一，人口变量，如行业、公司规模、地理位置等。第二，经营变量，如技术、使用情况、顾客能力等。第三，采购方法，如采购职能组织、权力结构、与用户的关系、采购政策、购买标准等。第四，情况因素，如紧急状况、特别用途、订货量等。第五，个性特征，如购销双方的相似点、对待风险的态度、忠诚度等。

2. 目标市场（Targeting）

所谓目标市场，是指企业在细分市场的基础上，经过评价和筛选所确定的、准备为之提供相应产品和服务的一个或几个细分市场，即决定所要销售产品和提供服务的目标顾客群。目标市场是制定市场营销战略的基础，是经营活动的基本出发点之一，对企业的生存与发展具有重要意义。

1）目标市场选择策划

企业通过评估细分市场，将决定进入哪些细分市场，即选择企业的目标市场。从产品-市场对应的角度，企业有五种可供考虑的目标市场覆盖模式，如图2.5所示。

市场全面化　　选择专业化　　市场集中化　　产品专业化　　市场专业化

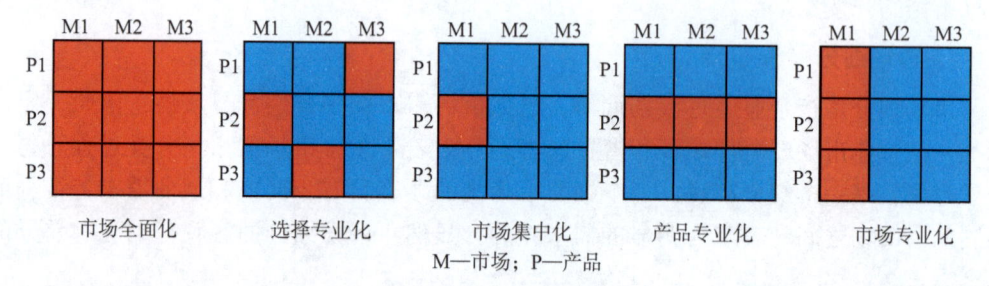

M—市场；P—产品

图2.5　目标市场选择

第一，市场全面化。这是指企业针对不同顾客群的多种需求，提供多种产品加以满足。显然，这种目标市场覆盖策略只有实力雄厚的大型企业才能选用。

第二，选择专业化。这是指企业选取若干个具有良好的盈利潜力和结构吸引力，且符合企业的目标和资源的细分市场作为目标市场。这种模式中的各个细分市场之间较少或基本不存在联系，可以有效地分散企业经营风险，即使某个细分市场盈利不佳，仍可在其他细分市场取得盈利。选择这种模式必须具有较强的资源实力和营销能力。

第三，市场集中化。这是最简单的目标市场模式，是指企业只选取一个细分市场，只生产一类产品，供应给一类顾客群，进行集中营销。选择这种模式一般基于以下考虑：企业在这一特定市场范围具有专业化经营的优势；企业资源力量有限；该细分市场中竞争对手较少等。选择这种覆盖模式需要承担较大的市场风险，一旦市场需求发生变化，将有可能无法生存。

第四，产品专业化。这是指企业集中生产一类产品，向各类顾客销售。这种模式可以使企业专注于某一种或一类产品的生产，有利于形成和发展生产和技术上的优势，树立专业化形象。但是，由于产品范围过窄，当被一种全新的技术所代替时，产品销售量有大幅度下降的危险。

第五，市场专业化。这是指企业生产不同的产品去满足某一类顾客群体的需要。由于经营的产品类型众多，能有效地分散经营风险。同时，这种策略也帮助企业从纵深方面尽可能满足特定顾客的不同需求。但由于集中于某一类顾客，当这类顾客需求下降时，企业收益也会下降。

2）目标市场进入策划

企业对目标市场的选择还需要考虑其市场策略问题，即决定采取何种市场营销战略进入目标市场，直至占领该目标市场。可供企业选择的目标市场策略主要有三种：无差异性市场战略、差异性市场战略、集中性市场战略，如图2.6所示。

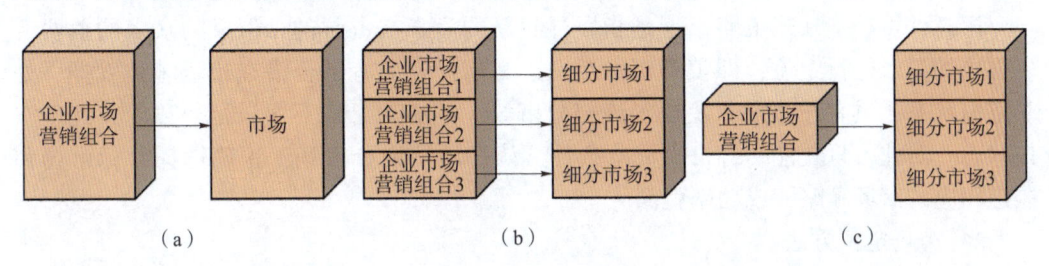

图 2.6　目标市场策略
（a）无差异性市场战略；（b）差异性市场战略；（c）集中性市场战略

第一，无差异性市场战略。也叫整体性市场战略，即企业只提供一种产品，采用单一的营销策略来开拓整个市场。采用此策略，只需注重市场需求的共性，不需要进行市场细分，无须关注市场间的需求差异性。

第二，差异性市场战略。这是指把整体市场按照消费者需求的差异性，细分成需求与欲望大致相同的若干细分市场，然后根据资源及营销实力选择其中部分细分市场作为目标市场，并为其设计不同的产品，采取不同的营销组合策略，满足不同目标顾客的需要。

第三，集中性市场战略。又称密集性市场战略，是指在细分市场的基础上，从中选择一个或少数几个细分市场作为目标市场，集中企业的资源和实力，经营一类产品，实施一套营销战略，以求在部分市场上争取较高的市场份额，获得明显优势。

3. 市场定位（Positioning）

在市场细分的基础上，选定目标市场之后，还必须进行市场定位，为企业及其产品在市场上树立鲜明形象、塑造特色，并争取目标顾客的认可。市场定位的实质就是决定将自己的产品置于目标市场的什么位置上，这种定位是通过塑造产品的鲜明特色和个性，是通过对竞争者产品所处的市场位置、消费者的实际需求特点等来实现的。市场定

市场定位技巧

位通常是通过识别潜在竞争优势、本企业的核心竞争优势定位以及制定发挥核心竞争优势的策略等三个步骤来完成。

1) 市场定位策略

第一，针锋相对式策略，也称对抗性定位。它指将本企业的产品定位在与竞争者相似或相近的位置上。采用这种定位方式必须具备三个条件：能够向市场提供比竞争者更好的产品；所争夺的市场容量足以吸纳两个以上竞争者的产品；具有比竞争对手更多的资源和更强的实力。当然，这种定位具有较大的风险，很有可能造成两败俱伤。

第二，另辟蹊径式策略，也称为避强定位。当企业意识到自己无力与强大的竞争者相抗衡时，将自己的产品作不同方向的定位取向，使其在某些特征或属性方面与竞争者相比有比较显著的区别。其优点在于，可凭借自身条件的优势迅速地在市场上站稳脚跟，并能在消费者心目中迅速树立起一种形象；市场风险相对较小，成功率较高。但是，避强往往意味着必须放弃某个最佳的市场位置，因而有可能处于较差的市场位置。

第三，填补空缺式策略。这是指以寻找新的尚未被占领的，但又为众多的消费者所看重的需求进行定位，即填补市场空白。其前提是尚有部分潜在市场未被发掘，处于空白状态；虽有一些企业发现了该部分市场，但却无力或不愿涉足，致使其处于空白状态。对此，只要能结合自身资源条件，认真评估细分市场，正确选择目标市场和制定相应的市场策略，成功率就高。

2) 市场定位方法

第一，产品特色定位。企业根据其本身特征，确定它在市场上的位置，如产品功能、成分、质量、档次、价格等。

第二，产品利益定位。根据产品本身的属性及由此衍生的利益，以及企业解决问题的方法来定位。

第三，使用者类型定位。根据使用者的心理与行为特征，及特定消费模式塑造出恰当的形象来展示其产品的定位。

第四，竞争需要定位。根据竞争者的特色与市场位置，将本企业产品定位于与其相似的另一类竞争者产品的档次，或定位于与竞争者直接有关的不同属性与利益。

三、营销策略策划

营销策略策划也称为营销组合策划、营销战术策划，是市场营销策划的重要组成部分，是描绘一个特定时期的营销计划，通常包括产品策划、价格策划、渠道策划和促销策划。

（一）产品策略策划

1. 产品层次策划

产品是指通过占有、使用或消费等手段，来满足某种欲望和需要而提供给市场的一切载体。它既可以是有形载体，也可以是无形载体。产品是一个整体概念，产品整体概念包含核心产品、形式产品、期望产品、附加产品和潜在产品五个层次。

第一，核心产品。这是产品最基本的层次，最核心的利益，即向消费者提供的产品基本效用和利益，也是消费者真正要购买的利益和服务，是产品整体概念中最基本、最重要的。

第二，形式产品。这是核心产品的载体、表现形式，包括产品的构造、外型、性能等，是客户接触产品时的第一感观印象。

第三，期望产品。这是消费者购买产品时期望的一整套属性和条件，也是产品所必须具备的一个层次。如果没有期望产品，就会使消费者对产品不满意。

第四，附加产品。这来源于对消费者需求的综合性和多层次性的深入研究，是营销者创造与竞争对手主要差异化的一个产品层次。如果附加产品得当，会让消费者产生意想不到的惊喜，从而产生竞争优势。

第五，潜在产品。这预示着该产品最终可能的所有增加和改变，也是产品的一个发展方向。潜在产品可以帮助企业保持竞争优势。

2. 产品组合策划

企业为了更好地满足目标市场的需要，分散经营风险，往往会生产经营多种产品，明确各产品之间的配合关系，也就是产品组合。企业要对产品组合寻求一种动态平衡，通常分为四种策划方式：

第一，扩大产品组合。开拓产品组合的宽度、加强产品组合的深度。

第二，缩减产品组合。削减产品线或产品项目，特别是要取消那些获利小的产品，以便集中力量经营易获利的产品线和产品项目。

第三，向上延伸。在原有的产品线内增加高档次、高价格的产品项目。

第四，向下延伸。在原有的产品线内增加低档次、低价格的产品项目。

（二）价格策略策划

1. 新产品定价策划

第一，取脂定价。这是企业新产品刚进入市场时，利用新产品的特点和尚无竞争者对手的条件，定比较高的价格，争取在短期内取得更多的利润，以收回投资。

第二，市场渗透定价。与取脂定价相反，是指新产品刚进入市场时采取低价投放市场的策略，以扩大市场份额。又叫薄利多销策略，即定比较低的价格，便于市场接受，迅速打开销路，以后再提价。

2. 产品组合定价策划

第一，产品线定价。企业开发产品往往是一个系列，而不是简单的一个产品。因此，企业定价时总是对整条产品线的所有价格作全面的考虑。产品线中的个别产品的定价要依靠其在整个产品线中的相对关系及策略而定。例如，江苏洋河酒厂的"蓝色经典"系列（"天之蓝、海之蓝"产品）的定价，江苏今世缘酒业的"今世缘"系列（太阳、地球、月亮等产品）的定价，其价格相差几十到几百不等。价格差别要考虑产

品线中不同产品的成本差异、考虑消费者对不同产品特色的看法、考虑竞争者的价格。

第二，备选产品定价。在主要产品外，还有配套的备选产品或附加产品，对这些产品定价使用备选产品定价方法。如购买汽车可能选择电动窗、带 CD 或 DVD 音响的汽车。一般备选产品是主产品的非必需附带品，消费者可以选择购买或不买，或买一种、几种等。企业在定价时，可根据情况定高价，也可定低价。

第三，附属产品定价。企业产品如果必须与一个主体产品同时使用，就采用附属产品定价方法。如计算机的软件、打印机的墨盒、剃须刀的刀片等，都是附属产品。其定价方法为，一般主产品定低价，附属产品定高价。很多企业的盈利往往重点放在附属产品上。

第四，成套产品定价。企业经常把多种产品搭配成套一起卖出，并且对这些成套的产品制定一个较低的价格，如化妆品盒、电动工具包、旅游等，又如剧院和体育比赛赛季的季（月）票、旅馆提供的成套服务（包括房间、用餐、娱乐）等。成套产品定价能够促使消费者购买一些原来不想购买的产品。因此，一般这种策略要能优惠到有足够的吸引力。

第五，副产品定价。肉类、石油产品、化工产品等行业通常会有副产品。如果副产品没有价值，或者丢弃这些副产品的成本很高，会影响主产品的价格。副产品的价格只要能够比储存和运输这些副产品的成本高就行了，这样会使主产品价格降低，更具有竞争力。

3. 心理定价策划

第一，尾数定价。一般消费者会认为尾数价格是经过缜密计算的，因而有真实、信任、便宜的感觉，从而有利于扩大销售。因此，商店对于一般消费品通常采用尾数定价法。如我国很多地方有"好兆头"的联想心理，如"8 对发""9 对天长地久"等。

第二，整数定价。对于一些高档商品、耐用品等，顾客往往认为高价为优质商品，能显示身份、地位，满足其心理要求。这些商品一般不宜以尾数定价，一般以整数定价。

第三，招徕定价。产品价格如果低于市场通行价格，总会引起消费者注意，这是一种求廉的消费心理。有些企业就是利用这种消费心理，有意识对几种商品定较低的价格，以此招徕顾客上门，借机带动其他商品销售，提高总收入。

第四，单位标价。标明每个单位价格，以便消费者选购，就叫单位标价。这种策略满足了消费者通过价格、质量、数量的比较而购买的习惯心理。

第五，声望定价。当产品本身价值较高，且使用该产品有较强的象征意义时，产品就应采用声望定价方法，将价格定得高些。另外，如果企业和产品本身声誉较高时，当企业推出新产品时，也可利用声望定价，将价格定得高些。

4. 差别定价策划

差别定价策划是指以两种或两种以上不反映成本差异的价格来推销同一种产品或

服务的定价策略。主要形式有：

第一，按消费者差别定价。例如，儿童价格、会员价格、学生价格等。

第二，按位置差别定价。例如，体育场馆的不同位置的票价、商品房的不同楼层的价格等。

第三，按销售时间定价。例如，居民用电晚九时至早八时与白天价格不同、旅游景点不同季节价格不同等。

第四，按用途定价。例如，工业用电与居民用电价格不同等。

5. 折扣折让策划

第一，数量折扣。指当消费者的购买达到一定的数量或金额时，给予一定的折扣。有累计折扣和非累计折扣两种方式。

第二，现金折扣。企业给予在规定期限内付清价款的顾客的折扣。例如，顾客必须在 30 天内付清价款，如果在 10 天以内付清可优惠 2%，其表示方式是：2/10，净30。此表示还说明了如果顾客超过 30 天付款需要加息。因此，现金折扣包括：折扣率、给予折扣的时间限制、付清价款的时间限制等三个方面。

第三，功能折扣。按中间商的不同类型和不同分销渠道提供不同的服务（功能），给予不同的折扣。由于不同的渠道成员对生产者履行的功能（如推销、储存、售后服务等）不同，所以给予的折扣可能不同，但对同种类型的中间商提供的折扣应是相同的。

第四，季节折扣。给予购买季节性产品的顾客的折扣，其目的是使企业的生产和销售在一年四季保持相对稳定。这是一种鼓励淡季进货的定价策略。

第五，折让。通常有两种常见的形式：促销折让、以旧换新折让。

（三）渠道策略策划

分销渠道策划是企业创建全新市场分销渠道，或改进现有分销渠道过程中所做的决策。进行分销渠道策划时，不仅要考虑分销渠道特点、功能、流程、类型，还要考虑企业、产品、市场、竞争、消费者等因素。高效的分销渠道策划是企业创建竞争优势的重要来源之一。分销渠道策划包括如何确定分销渠道备选方案、评估与选择渠道设计方案、确定渠道成员条件和责任三个步骤。

1. 确定分销渠道备选方案

确定了分销渠道目标，描述了分销渠道承担的职责和任务，分析了消费者需求后，渠道设计者就应该思考完成渠道的职责和任务需要哪类渠道成员？需要多少渠道成员？各类渠道成员应承担哪些责任？这些涉及分销渠道策划中确定分销渠道的层数，确定分销渠道的宽度和长度，确定选择渠道成员的类型条件和责任。

第一，确定分销渠道的层数。分析与选择渠道层数时需考虑市场规模、产品特征、中间商等影响因素。分销层数越多，分销渠道越长；反之，则分销渠道越短。此外，企业实力、管理水平、渠道控制力度、顾客购买行为等也影响分销渠道的长度。如企

业实力较弱，需要更依赖中间商，适合选用长渠道；顾客购买量大，单位分销成本低，适合选用短渠道。

第二，确定分销渠道宽度和广度。分析与选择分销渠道宽度时需要考虑市场规模、产品特征、消费者购买行为等影响因素，合理的渠道宽度能更好地覆盖目标市场。此外，企业的实力、管理水平、渠道控制力度等也影响分销渠道的宽度。如果企业要求对中间商的控制力度强，适合选用较窄的分销渠道。

渠道广度也是分销渠道设计所应关注的关键因素之一，因为如果企业渠道广度设计不合理，将引起渠道冲突，增加渠道成本和终端控制的难度。

2. 评估与选择渠道设计方案

渠道设计者综合上述因素后，应设计出几种分销渠道方案。究竟选用哪种方案，需要对设计的渠道方案进行评估与选择。评估渠道设计方案可按经济性、可控性和适应性进行，选择渠道设计方案的方法可按财务方法、交易成本法、经验法进行。

3. 确定渠道成员条件和责任

确定了渠道的长度、宽度和广度后，分销渠道设计者应明确加盟渠道成员的条件、权利、义务和责任。确定分销渠道成员的条件和责任主要涉及价格政策、销售条件、地区权利、承担责任等因素。

（四）促销策略策划

1. 广告策划

广告策划的含义存在狭义和广义的理解。狭义的广告策划是指整个广告中的一个环节，在某种确定的条件下将广告活动方案进行排列组合计划安排，以广告策划方案策划书的编写为结果。

广义的观念认为，广告策划是从广告角度对营销管理进行系统整合和策划的全过程。它从市场调查开始，根据消费者需求对企业产品设计进行指导，对生产过程进行协调，并通过广告促进销售，实现既定的传播任务。具体来说，就是根据营销策略，按照一定的程序对广告活动总体战略进行前瞻性规划的活动。

2. 营业推广策划

营业推广是指除了人员推销、广告、公共关系以外，刺激消费者购买和经销商销售的各种市场营销活动，例如，陈列、演出、展览会、示范表演以及其他促销努力。

营业推广策划

营业推广策划就是企业合理运用各种短期诱因，鼓励消费者购买和经销商销售其产品或服务的促销过程。与广告、公共关系和人员推销等方式不同的是，营业推广限定时间和地点，以对购买者奖励的形式促进其购买，以此来追求需求的短期快速增加。

3. 人员推销策划

人员推销策划是最古老的促销方式。远在小商品经济时代，商人的沿街叫卖、上门送货等就属于人员推销的性质。在市场经济条件下,人员推销对于工业用品和高科技产品的促销,仍然是一种有效方式。

人员推销策划是指在商业促销活动中,推销人员恰当地直接向目标顾客介绍产品,提供情报,以创造需求,促成购买行为的促销活动。人员推销策划是一门艺术,需要推销人员巧妙地将知识、天赋、诚信和智慧融于一身。推销人员应该根据不同的环境、不同的顾客,灵活运用多种推销技巧来满足顾客的要求。

在人员推销策划中,推销人员、推销对象和推销品是三个基本要素。其中前两者是推销活动的主体,后者是推销活动的客体。通过推销人员与推销对象之间的接触、洽谈,将推销品推销给推销对象,从而达成交易。尤其是在市场营销的日益发展中,推销人员已经不再单纯地从事推销工作,而是一种双向沟通的直接促销方法。

4. 公共关系策划

公共关系策划是企业整合营销传播中的一个重要组成部分,企业公共关系的好坏直接影响企业的形象,影响着企业营销目标的实现。

公共关系策划是指企业恰当地运用各种传播手段,在企业和社会之间建立相互了解和依赖的关系,并通过双向的信息交流,在社会公众中树立企业良好的形象和声誉,以取得公众的理解、支持和合作,从而有利于促进企业目标的实现。

项目小结

狭义的营销分析一般就是指市场营销环境分析。市场营销环境泛指一切影响和制约企业市场营销决策和实施的内部条件和外部环境的总和,是企业在其中开展营销活动并受之影响和冲击的不可控行动者与社会力量。根据企业营销活动影响因素的范围大小,市场营销环境通常分为两个关键环境,即宏观环境和微观环境。市场分析必须以 PEST 分析法、矩阵分析法、SWOT 分析法等为依据,科学分析出企业营销策划所需的支撑基础。

市场营销策划是为实现某一营销目标或解决营销活动的问题,在对内外部环境全面分析的基础上有效地调动企业的各种资源,对一定时间内的营销活动进行创新策略设计的活动。其主要包括市场营销目标策划、营销战略策划、营销策略策划等方面内容。

项目测验

一、单选题
(1) 如图 2.7 所示的两类产品是哪种层次的竞争( )。
    A. 品牌竞争   B. 行业竞争
    C. 类型竞争   D. 愿望竞争

图 2.7　纯牛奶和酸奶

（2）大范围的、对企业营销活动能产生重要影响的社会约束力量叫做（　　）。

　　A. 营销内部环境　　　　　　　　　　B. 营销外部环境

　　C. 营销宏观环境　　　　　　　　　　D. 营销微观环境

（3）以下属于竞争性营销目标的是（　　）。

　　A. 销售量　　　　B. 利润　　　　C. 市场份额　　　　D. 消费观念

（4）对于市场领导企业来说，以下哪种竞争战略会引发反垄断的危险（　　）。

　　A. 扩大总需求　　　B. 设置竞争障碍　　　C. 扩张市场份额　　　D. 以上都是

（5）某服装生产企业把市场分为时尚类、务实类、另类等几种不同类型，其细分市场的标准是（　　）。

　　A. 人口变量　　　　B. 地理变量　　　　C. 行为变量　　　　D. 心理变量

（6）如图 2.8 所示的产品的定价技巧是（　　）。

图 2.8　大豆油广告

A. 组合定价　　　　B. 差别定价　　　　C. 心理定价　　　　D. 促销定价

(7) 如图 2.9 所示的产品广告表现的诉求属于（　　）。

图 2.9　鞋类广告

A. 核心诉求　　　　B. 有形诉求　　　　C. 附加诉求　　　　D. 潜在诉求

二、多选题

(1) SWOT 分析法中，对企业外部因素的分析包括（　　）。

A. 优势　　　　　　B. 机会　　　　　　C. 劣势　　　　　　D. 威胁

(2) 市场 MAN 法则是指顾客必须具备以下哪些特征（　　）。

A. 供给　　　　　　B. 购买力　　　　　C. 决定权　　　　　D. 需求

(3) 以下哪些竞争层次能满足同样的市场需求（　　）。

A. 品牌竞争　　　　B. 行业竞争　　　　C. 类型竞争　　　　D. 愿望竞争

(4) 以下关于市场定位战略描述正确的是（　　）。

A. 本质是差异化定位

B. 不同的市场要有不同的定位

C. 产品特征、式样、安装等属于产品角度定位

D. 客户定位是主要定位战略

(5) 以下不属于产品组合定价技巧的是（　　）。

A. 互补品定价　　　B. 替代品定价　　　C. 包装差别定价　　D. 声望定价

(6) 对于领导型企业来说，运用以下哪些促销组合工具比较合理（　　）。

A. 广告　　　　　　B. 营业推广　　　　C. 公共关系　　　　D. 人员推销

(7) 对于市场补缺企业来说，合适的营销战略不包括以下哪些（　　）。

A. 设置障碍　　　　B. 正面挑战　　　　C. 改进追随　　　　D. 专业化

三、思考题

(1) 市场营销环境分析的作用是什么？

(2) 市场营销宏观环境分析与微观环境分析有什么区别？

(3) 市场营销 4P 策略的策划重点是什么？

(4) 市场营销 4P 策略与 4C 策略、4R 策略有什么区别？

模块二

网店视觉营销

【模块导学】

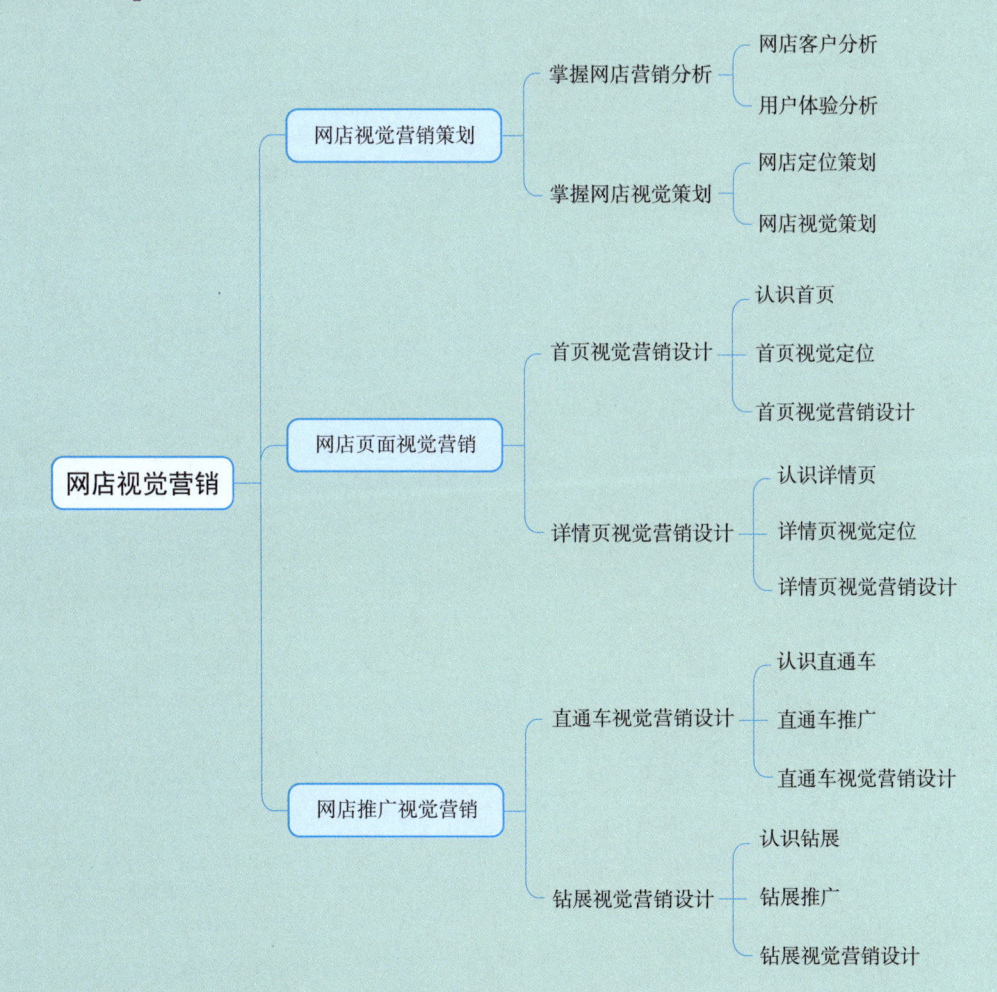

```
                                                              ┌─ 网店客户分析
                                           ┌─ 掌握网店营销分析 ─┤
                                           │                  └─ 用户体验分析
                        ┌─ 网店视觉营销策划 ─┤
                        │                  │                  ┌─ 网店定位策划
                        │                  └─ 掌握网店视觉策划 ─┤
                        │                                     └─ 网店视觉策划
                        │
                        │                                     ┌─ 认识首页
                        │                  ┌─ 首页视觉营销设计 ─┼─ 首页视觉定位
                        │                  │                  └─ 首页视觉营销设计
            网店视觉营销 ─┼─ 网店页面视觉营销 ─┤
                        │                  │                  ┌─ 认识详情页
                        │                  └─ 详情页视觉营销设计 ┼─ 详情页视觉定位
                        │                                     └─ 详情页视觉营销设计
                        │
                        │                                     ┌─ 认识直通车
                        │                  ┌─ 直通车视觉营销设计 ┼─ 直通车推广
                        │                  │                  └─ 直通车视觉营销设计
                        └─ 网店推广视觉营销 ─┤
                                           │                  ┌─ 认识钻展
                                           └─ 钻展视觉营销设计 ─┼─ 钻展推广
                                                              └─ 钻展视觉营销设计
```

项目三
网店视觉营销策划

【学习目标】

1. 知识目标

理解目标市场、市场行为、网店定位等网店营销策划的重要规律,掌握网店用户体验、视觉规划设计的原理及规律。

2. 能力目标

能够科学合理地分析、设计各类网店的定位规划、结构布局等,能够合理地分析、创意、设计各种网店(或网站)视觉布局与策划。

3. 素质目标

从事视觉设计岗位,培养高效的个人工作能力和团队合作精神,同时培养吃苦耐劳、敢于承担责任、勇于创新、大胆突破等商业工匠精神。

视觉营销

【导读】

透过党和国家政策分析产业发展方向

2022年10月16日至22日，中国共产党第二十次全国代表大会胜利召开。习近平代表第十九届中央委员会向大会作了题为《高举中国特色社会主义伟大旗帜 为全面建设社会主义现代化国家而团结奋斗》的报告。

报告共分15个部分：一、过去五年的工作和新时代十年的伟大变革；二、开辟马克思主义中国化时代化新境界；三、新时代新征程中国共产党的使命任务；四、加快构建新发展格局，着力推动高质量发展；五、实施科教兴国战略，强化现代化建设人才支撑；六、发展全过程人民民主，保障人民当家作主；七、坚持全面依法治国，推进法治中国建设；八、推进文化自信自强，铸就社会主义文化新辉煌；九、增进民生福祉，提高人民生活品质；十、推动绿色发展，促进人与自然和谐共生；十一、推进国家安全体系和能力现代化，坚决维护国家安全和社会稳定；十二、实现建军一百年奋斗目标，开创国防和军队现代化新局面；十三、坚持和完善"一国两制"，推进祖国统一；十四、促进世界和平与发展，推动构建人类命运共同体；十五、坚定不移全面从严治党，深入推进新时代党的建设新的伟大工程。

读者可以深入学习党的二十大报告，再结合教育部新颁发的《高等职业学校专业教学标准》，就可以对电子商务等产业发展的方向及趋势做出一些判断。

习近平总书记指出："学习理论最有效的办法是读原著、学原文、悟原理"。
视觉营销从业人员也必须充分学习了解党和国家的各种政策、方针，学习习近平新时代中国特色社会主义思想，了解世情、国情、党情、民情，增强对党的创新理论的政治认同、思想认同、情感认同，坚定中国特色社会主义道路自信、理论自信、制度自信、文化自信。

任务一　掌握网店营销分析

一、网店客户分析

（一）目标客户分析

目标客户就是目标市场，即企业营销活动所要满足的主要市场，也是企业为实现预期目标而要进入的主要市场。一般来说，企业的目标客户通常会有若干类，每一类都是由具有共同特点的群体或个体所组成。

对于从事网店运营工作的人员来说，目标客户分析是能准确判断以下问题：现有客户有哪些类型？每类有多少？哪类比较重要？哪些是长尾市场？等等。需要通过一定的数据分析，既能对目标客户的画像特征做出精准描述，又能及时发现目标客户的发展变化趋势。而对于从事网店视觉工作的人员来说，目标客户分析则是能准确集中地回答以下问题：一定时间内，现有客户中的购买者、决策者有哪些？网店的浏览者有哪些？掌握这些信息后才能根据目标客户来规划网店视觉设计。比如以销售童装为主的网店，虽然目标客户可能包括儿童和他们的家人、同学、师长等，但主要的浏览者可能只有父母和儿童。那么，网店视觉工作者主要根据他们的视觉规律来设计网店各页面及模块。

【引申】

长尾市场

指处于"尾部"的市场，即需求不旺或销量不佳的产品所共同构成的市场。它们单个需求量较低，看似很小、微不足道，但能够积少成多，聚沙成塔，整合容量较大。长尾市场的本质并不在于发现了一个新市场，而是通过营销方式的变革来满足市场。

（二）客户行为分析

客户行为分析主要是分析目标客户对于产品的购买行为类型及过程，即分析客户参与购买的复杂程度、阶段过程等，并据此采取针对性的营销决策。

对于网店运营来说，客户行为分析的目标是能够协助目标客户解决以下问题：如何收集信息？如何评价方案？如何处理购后行为？等等。合理高效地完成引流、转化、收藏、加购、复购等工作也是网店视觉工作的重心。众所周知，网店客户的以下行为应引起关注：

第一，重视口碑效应，包括网店店名、产品、品牌等方面；

第二，重视产品价格，特别是低价、折扣等信息；

第三，重视新品、爆款等主打产品的相关信息；

第四，重视促销活动，包括赠品、返券、满赠等形式；

第五，重视特色服务。

二、用户体验分析

用户体验指用户在接触、使用产品和服务过程中产生的主观心理感受，是一系列综合性质的体验。一般来说，网店必须在风格定位、页面制作、搜索功能、交互设计等方面做足功夫，以便目标客户能感受到有用性、易用性、友好性等体验目标。视觉设计是网店实现提升用户体验的重要手段，可以通过以下几方面来分析。

用户体验

（一）浏览行为分析

浏览行为分析即分析目标用户浏览网店的行为和习惯，以达到网店的吸引性体验目标。网店视觉工作者必须分析目标客户的视觉流程、视觉中心、视觉心理、文化习俗等，以突出醒目的关键词、收藏夹、字体等视觉要素来规划表现网店视觉设计。如图 3.1 所示是某童装网店导航，其中，三个关键词为红色，与其他关键词形成强烈对比，以吸引目标客户的重点关注。

| 首页　　所有宝贝　　春季热卖　商场同款　夏手新品　　男大童　女大童　男小童　女小童　婴儿　童鞋　内衣配饰 |

图 3.1　某童装网店导航

（二）视觉感受分析

视觉感受分析即分析目标用户浏览网店产生直观的器官感受和心理感受，以达到网店的舒适性体验目标。网店视觉工作者必须分析测试不同的色彩、图像、图形、动画、风格等视觉要素会让目标客户产生哪些视觉、嗅觉、触觉等感受。如图 3.2 所示，某水果网店为了表达石榴的"籽大""脆甜"等感受，以高亮度、高饱和度的色彩来体现，确实让人看了垂涎欲滴。

图 3.2　网店海报

（三）界面交互分析

界面交互分析即分析目标用户如何能通过一些视觉界面来方便快捷地实现点击、使用、互动等操作，以达到网店的易用性体验目标。网店视觉工作者通常会在网店的不同位置以按钮、点击暗示、在线客服、搜索等视觉要素来表现。如图 3.3 所示是某零售网店导航，其中，"聚划算"设计成特殊的形状，既能与其他关键词形成强烈反差，还能刺激目标客户直接点击，可谓一举两得。

图 3.3　某零售网店导航

（四）信任保障分析

信任保障分析即分析如何通过各种资质、证明、荣誉来保障和强化目标用户对于网店的信任度和忠诚度，以达到网店的可靠性体验目标。视觉工作者通常会通过强化品牌形象、企业文化、服务保障、特色评论等视觉要素来表现这个目标。如图 3.4 所示，某服饰网店专门设计了品牌文化页面，讲述其品牌的起源和故事，以获取用户的好感。

但是，需要注意的是，网店提供的各种资质、证明、荣誉必须是真实的，不能弄虚作假。表达其网店声誉的各种文案必须符合法律的规定，不能出现违法的字眼。

图 3.4　网店文化页面

（五）情感表现分析

情感表现分析即分析吸引目标用户产生深度浏览、二次点击、收藏复购等行为的情感手段，以达到网店的友好性体验目标。网店视觉工作者一般会以广告语、代言人、优惠等视觉要素来表现。如某些女装网店经常以"明星同款"的设计来表达其服装的受欢迎程度。值得注意的是，利用各种模特形象代言产品的设计，必须严格遵守各种法律规定。

【引申】

市场生命周期

市场生命周期也称为市场周期、产品生命周期,就是某产品从进入市场到被市场淘汰的整个生存历程。通常会经历兴起、成长、成熟、衰退等四个不同的阶段,即引入期、成长期、成熟期、衰退期。一般认为如图3.5所示是较为典型的市场生命周期曲线。

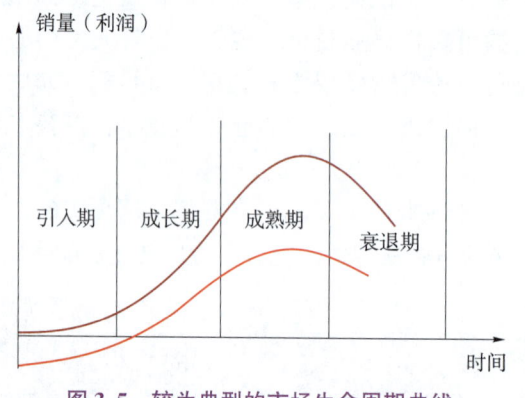

图 3.5　较为典型的市场生命周期曲线

生命周期判断技巧

任务二　掌握网店视觉策划

一、网店定位策划

(一) 网店定位类型

1. 品牌型定位

在非促销时期,网店着重推广商品或店铺的品牌形象,一般适合处于市场成长期后期或成熟期的店铺。除了品牌形象外,网店还重点展示企业竞争力、企业文化等营销内容。如图3.6所示是网店轮播海报——品牌型,某国内著名品牌在其网店首页的轮播中,反复强调突出其品牌名称、Logo。

2. 销售型定位

无论在促销时期,如"6·18"、"双11"、店庆等,还是在非促销时期,网店都以推荐产品、打折促销等为主要手段,一般适合处于市场引入期、成长期的店铺。值得注意的是,绝大多数网店一贯采用这种定位方式,以烘托销售热卖的氛围。如图3.7所示是网店轮播海报——销售型,某国内著名品牌在其网店首页首焦展示中,突出

图 3.6　网店轮播海报——品牌型

"奥运"+"抽奖"的营销模式。

图 3.7　网店轮播海报——销售型

3. 随机型定位

某些网店定位不明确或没有定位,表现为网店展示的营销内容不清晰、无强劲冲击力。一般适合处于市场导入期早期、衰退期的店铺。有些无视觉设计的个人网店往往如此。

(二) 网店定位策划

1. 定位类型策划

依据产品类型、目标市场、市场周期等营销因素确定合适明确的店铺定位,使客户能准确认知识别,并与竞争者产生差异。如处于成熟期的网店,需要经常突出商品品牌、企业品牌、企业文化等,以便于时刻唤醒客户记忆。

2. 视觉内容策划

网店的首页、列表页、详情页、自定义页等主要页面所展示的核心营销内容必须与店铺定位类型一致，不能造成偏差或误解。如销售型定位的网店，在某促销期的主题需要在不同页面同时展示，以起到强调制造热卖氛围的作用。

网店规划分析　　产品分类设计技巧

3. 定位时期策划

根据产品上架、市场需求变化、竞争状况等营销因素及时调整店铺定位类型和展示内容，适应市场需求，给予市场新的兴奋点，延长店铺生命。如对于大部分处于成长期后期、衰退期前期的网店，都可以在前两种定位类型间切换，以保证能不断刺激市场。

二、网店视觉策划

（一）网店结构策划

不同的电商平台，尽管网店的类型和结构并不完全相同，但却有着一定的相似之处。本书中如无特殊说明，网店均指淘宝平台的店铺（PC端、无线端）。

PC 网店模块设置　　PC 网店页头设置　　PC 网店模板设置

众所周知，网店结构策划首先需要考虑网店页面的类型、结构、模块等整体层面策划。如图 3.8 所示是网店页面结构。具体而言，网店的页面类型一般有首页、列表页、详情页、自定义页等四种，网店的页面结构一般包含页头、页面和页尾三个部分，网店的页面模块通常包括固定模块、自定义模块等两类。

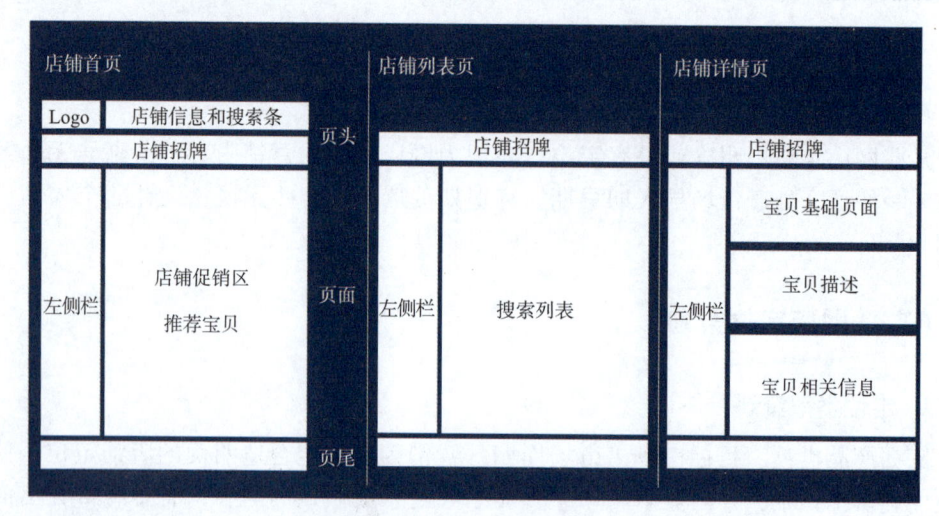

店铺首页			店铺列表页		店铺详情页	
Logo	店铺信息和搜索条	页头				
店铺招牌			店铺招牌		店铺招牌	
左侧栏	店铺促销区 推荐宝贝	页面	左侧栏	搜索列表	左侧栏	宝贝基础页面
						宝贝描述
						宝贝相关信息
		页尾				

图 3.8　网店页面结构

其次，网店结构策划还要进行布局管理策划，即安排各页面组成模块的版面位置、先后次序等问题。其目的是，通过布局管理策划，使网店能够达到满足客户习惯与体验、体现店铺定位与风格、产生竞争差异与个性化等营销目标。一般来说，有经验的网店运营者通常会优先设置页面布局，再填充模块内容，以便能提高网店的整体性、条理性。

另外，网店结构策划还必须做好各页面的首屏策划。首屏即浏览器显示的第一屏页面。优秀的首屏设计通常可以起到提高点击率、转化率、成交率等营销效果的关键作用。大多数网店一般在页面首屏展示产品属类、风格定位、价位档次、促销力度、品牌文化等营销内容。

（二）网店视觉策划

1. 遵守平台相关规则

正常、有序的社会主义电商生态环境有利于电商行业的健康可持续发展，这既需要国家进行宏观调控，更需要市场主体们自律、自爱。同时，为了净化营商环境、规范市场秩序，各大电商平台对网店的资质、运营、上新等方面有着详细的制度和规则，网店经营者必须自觉严格遵守。

2. 灵活运用装修模板

以淘宝平台为例，其提供了海量的店铺装修、页面设计、动漫设计等模板和服务（见图3.9），而作为网店经营者们，则需要花费一定的时间和成本来学习。笔者团队认为，作为网店运营的初学者，付出一定的学习成本是有意义的，这是一条通向成长的必经之路。

图 3.9　淘宝服务模板

3. 分析竞争对手特点

各大电商平台上的网店经营者成千上万，尤其是知名平台上的竞争更是惨烈。如何能在众多同质化的产品和网店中脱颖而出，就需要网店经营者不断分析、研判竞争者，尤其是同类中的佼佼者。在向竞争者学习的过程中取长补短，形成自己独有的竞争个性，产生真正的差异化网店视觉策划。

4. 协调网店视觉要素

网店视觉策划的核心是协调处理网店经营中的图、色、文等视觉要素。利用VIS设计的原理和方法来统一网店视觉风格也是电商视觉设计工作者们的核心工作。

【引申】

VIS 设计

视觉识别系统（Visual Identity System，VIS）是企业识别系统（Corporate Identity System，CIS）的重要组成部分。它是指以可视化的各种手段传播企业形象，使公众对企业形成统一的、可识别的直接印象。

VIS 案例分析　　企业 CIS

VIS 一般包括视觉要素设计、视觉应用设计两个部分（见图3.10）。视觉要素设计包括企业标志、名称、图形、字体、色彩、品牌、吉祥物等方面的设计，视觉应用设计包括企业办公用品系统、标志系统、公关礼品系统、服装系统、广告与宣传系统等方面的设计。

图 3.10　VIS 设计

5. 利用自定义空间

电商平台的网店页面和模块中提供了自由度高的自定义区域，可供网店经营者在规定动作外进行自由发挥。电商视觉设计者一定要充分利用这些空间，积极展示网店的品牌、文化、会员服务等特色营销要素，强化客户的印象和记忆，为网店锦上添花。

自定义页设计技巧

项目小结

网店的目标客户就是网店营销活动所要满足的主要市场，网店视觉工作者必须能准确判断以下问题：一定时间内，现有客户中的购买者、决策者有哪些？只有网店的浏览者有哪些？只有掌握这些信息后才能根据目标客户来规划网店视觉设计。

用户体验指用户在接触、使用产品和服务过程中产生的主观心理感受，是一系列综合性质的体验。视觉设计是网店实现用户体验的重要手段，可以通过浏览行为、视觉感受、界面交互、信任保障、情感表现等五个方面来分析。

网店定位策划必须在品牌型、销售型、随机型之间做出准确选择，并及时围绕类型、内容、时机等方面进行适当调整。

网店视觉策划是视觉工作者的核心工作，必须在完善网店结构的基础上，深入分析平台规则、竞争者特点，以装修模板为依据，充分利用自定义空间，重点协调网店 VIS 设计。

项目测验

一、单选题

(1) 以下不属于电商平台网店页面结构的是（　　）。

A. 页头　　　　　　B. 页面　　　　　　C. 页尾　　　　　　D. 模块

(2) 在电商平台网店的布局管理工作中，优先做哪项工作（　　）。

A. 页面布局　　　　　　　　　　　　B. 页面编辑

C. 模块选择　　　　　　　　　　　　D. 模块填充

(3) 处于市场成长期的网店，一般不执行哪种定位角度规划（　　）。

A. 品牌型　　　　　B. 销售型　　　　　C. 随机型　　　　　D. 服务型

(4) 经营儿童产品的网店，其目标用户中影响力较低的是（　　）。

A. 儿童　　　　　　　　　　　　　　B. 父母等监护人

C. 亲属等非监护人　　　　　　　　　D. 学校老师

(5) 主要以关键词、收藏夹、字体等视觉要素来表现适应网店用户的哪方面体验（　　）。

A. 浏览习惯　　　　　　　　　　　　B. 视觉感官

C. 界面交互　　　　　　　　　　　　D. 信任保障

(6) 某网店推出的新品以"某明星同款"为诉求点，这体现了哪种用户体验特点（　　）。

A. 吸引性　　　B. 易用性　　　C. 可靠性　　　D. 友好性

二、多选题

(1) 电商平台网店一般包括哪些页面类型（　　）。

A. 首页　　　　　　　　　　　　　B. 分类页
C. 详情页　　　　　　　　　　　　D. 自定义页

(2) 品牌型网店重点展示以下哪些营销内容（　　）。

A. 品牌文化　　　　　　　　　　　B. 企业文化
C. 综合竞争力　　　　　　　　　　D. 品牌形象

(3) 电商平台网店首屏一般展示以下哪些营销内容（　　）。

A. 产品属类　　　　　　　　　　　B. 风格定位
C. 价位档次　　　　　　　　　　　D. 促销力度

(4) 网店用户通常关注哪些营销因素（　　）。

A. 产品类型　　　　　　　　　　　B. 产品价格
C. 店铺服务　　　　　　　　　　　D. 店铺口碑

(5) 以下哪些网店视觉设计工具可以实现与用户的交互体验（　　）。

A. 按钮　　　B. 搜索　　　C. 评价　　　D. 动画

(6) 用户体验包括哪些方面（　　）。

A. 视觉感官体验　　　　　　　　　B. 界面交互体验
C. 信任保障体验　　　　　　　　　D. 情感打动体验

三、思考题

(1) 用户体验理论的内涵有哪些？

(2) 网店定位有哪些类型？

(3) CIS 理论的核心内容有哪些？

项目实践

一、实践操作

任意选择电商平台某网店，观察网店主要页面的构成情况，如首页、详情页、分类页等，分析各页面在整体规划、结构布局、模块设计等方面的视觉营销现状、存在问题，并提出合理的视觉策划规划建议，以书面报告形式完成。

二、实践考核

本实践主要考核学生对于视觉规划基础原理、主流网店视觉布局规律等理论知识的掌握程度，以及任务成果形式、工作态度与效率等职业素养表现。实践考核标准如

表 3.1 所示。

表 3.1　实践考核标准

考核指标	考核内容	考核分值
知识掌握	网店规划、页面布局、模块设计等网店视觉现状与问题的分析深度，以及图文结合程度	40
	网店规划、页面布局、模块设计等方面的视觉策划或建议，以及图文结合程度	35
项目效果	项目成果的形式、完整度、美观度等，如 Word、PPT 等格式以及其规范性	15
职业素养	项目完成时间、团队合作、工作态度等	10

项目四
网店页面视觉营销

【学习目标】

1. 知识目标

理解网店首页的关键作用、构成模块等重要视觉规律;理解店招、Banner海报等主要组成模块的视觉营销规律,掌握其视觉营销技巧。

理解网店详情页的关键作用、构成模块等重要视觉规律;理解宝贝主图、描述信息等组成模块的视觉营销规律,掌握其视觉营销技巧。

2. 能力目标

能够遵循网店各模块区域的视觉营销运作规律,科学合理地分析、设计各类网店的首页、详情页。

3. 素质目标

从事视觉设计岗位,培养高效的个人工作能力和团队合作精神,同时培养吃苦耐劳、敢于承担重任、勇于创新、大胆突破等商业工匠精神。

任务一　首页视觉营销设计

【导读】

《中华人民共和国电子商务法》（节选）

第十五条　电子商务经营者应当在其首页显著位置，持续公示营业执照信息、与其经营业务有关的行政许可信息、属于依照本法第十条规定的不需要办理市场主体登记情形等信息，或者上述信息的链接标识。

前款规定的信息发生变更的，电子商务经营者应当及时更新公示信息。

第十六条　电子商务经营者自行终止从事电子商务的，应当提前三十日在首页显著位置持续公示有关信息。

……

第三十三条　电子商务平台经营者应当在其首页显著位置持续公示平台服务协议和交易规则信息或者上述信息的链接标识，并保证经营者和消费者能够便利、完整地阅览和下载。

第三十四条　电子商务平台经营者修改平台服务协议和交易规则，应当在其首页显著位置公开征求意见，采取合理措施确保有关各方能够及时充分表达意见。修改内容应当至少在实施前七日予以公示。

> 视觉营销从业人员必须系统学习包括《中华人民共和国电子商务法》在内的各种法律法规，增强职业责任感，培养遵纪守法的职业品格和行为习惯。
>
> 牢固树立法治观念，坚定走中国特色社会主义法治道路的理想和信念，深化对法治理念、法治原则、重要法律概念的认知，提高运用法治思维和法治方式维护自身权利、参与社会公共事务、化解矛盾纠纷的意识和能力。

一、认识首页

众多网店在风起云涌的商机中激烈竞争，获得的流量可能来自搜索宝贝或者直接来自访问店铺，只要进店就应该尽可能地把流量留在店内。网店首页在整个店铺的建设中占据重要地位，不仅能传达店铺形象、品牌形象，传达店铺活动信息，更能起到流量疏导的作用。

（一）营销意义

1. 首要印象

店铺或品牌形象是通过店铺的整体视觉传达给浏览者的，首页是形成店铺第一印

象的重要区域。如图4.1所示的某食品网店，其首页以较大面积的绿色突出产品自然新鲜，绿色环保；店招、分类、背景中都使用品牌Logo作为设计元素，体现出一体化的视觉印象，给浏览者传递品牌意识。

图4.1　网店首页首屏

2. 传达促销活动

首页作为高访问量的页面，是店铺活动推广的首选渠道，是传达店铺促销活动信息的重要页面。如图4.2所示的某运动鞋网店，通过首页宣传活动信息，有助于提升页面访问深度、店铺转化率，降低首页跳失率。

图4.2　网店首页首屏

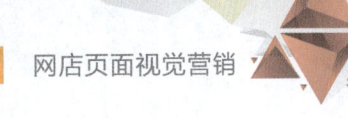

3. 流量引导

店铺首页是重要的流量引导页，包含引导流量进行店铺搜索、收藏访问、直接访问、其他页面返回等。如图 4.3 所示的某服装网店，其首页上的页面入口及活动呈现、分类导航、商品陈列、搜索等都是流量疏导方式，可以合理疏导首页流量、有效地降低整个店铺的跳失率。

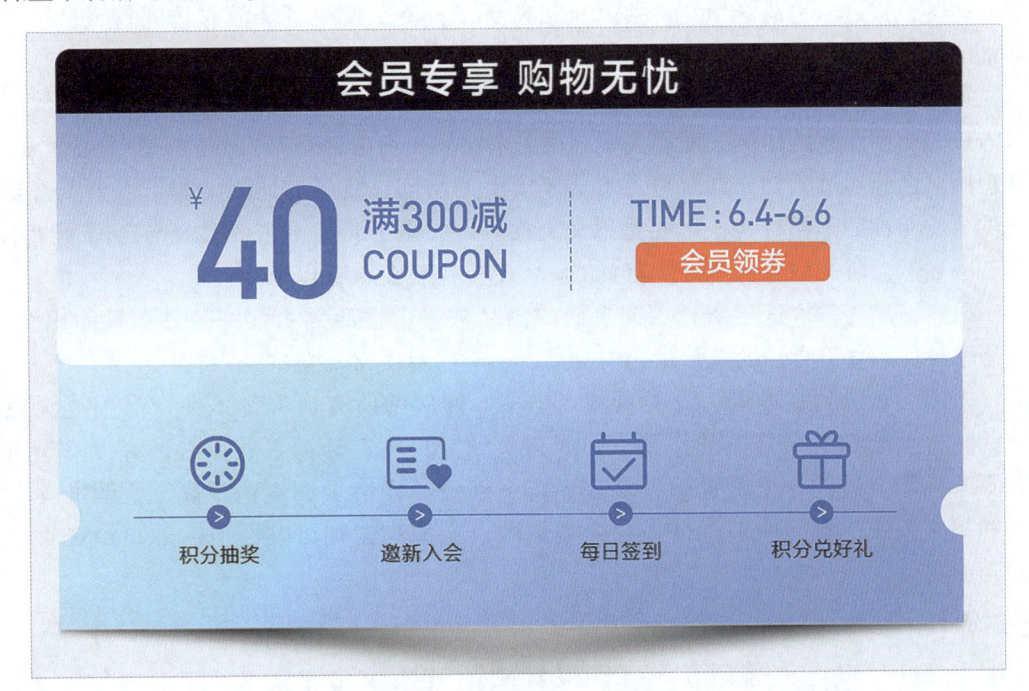

图 4.3　网店首页分类模块

（二）关键指标

1. 买家关注指标

一般情况下，首页是访客了解店铺的一个关键地方，顾客会产生许多涉及可信度和关联性的问题。以下是买家关注的与首页相关的一些常见问题：

（1）这里有我想要的产品吗？

（2）可靠吗？值得信赖吗？

（3）是否看起来有足够的吸引力让我多留一会儿？

（4）接下来我能干什么？

（5）有点意思，怎么才能了解更多呢？

（6）如何联系客服，了解更多？

2. 卖家关注指标

店铺首页的主要目标是吸引访客驻足，至少要让顾客继续点击下一个链接。换句

话说，首页的目的就是吸引用户，别让他离开。具体来看，有以下几方面是衡量店铺首页效果的关键指标。

第一，PV和UV。PV（访问量）和UV（独立访客量）是衡量店铺人气的重要指标，占总流量的20%左右是合适的。如果首页的PV和UV占总流量过高，说明店铺的老客流量占比高，若老客流失，又没有新客户，则进入恶性流量。如果占比过低，一般是访客直接进入单品详情页，要么直接购买了，要么跳失了。没有访问首页，说明店铺的导航路径较乱，活动不够吸引人，客户就没有去首页的欲望。

第二，跳失率。顾客通过相应入口进入，只访问了一个页面就离开的访问次数占该入口总访问次数的比例，即跳失率。跳失率实质是衡量被访问页面的一个重要因素，此前用户已经通过某种方式对首页形成事实上的访问，跳失的原因无非是因为点击到达的页面与预期不相符合，可能是感觉页面内容、服务，甚至整体感觉与之前预期不符。很显然，跳失率越低越好。首页的跳失率应控制在50%以下。

第三，出店率。这是离开店铺页面的商品数量占该店铺页面商品总数量的比例。出店率越低越好。合理的流量结构中，出店率应控制在50%左右。

第四，首页到宝贝页、分类页的点击率。网店的所有成交都是在产品描述页完成的，首页起到引导分流的作用，因此首页到宝贝页、分类页的点击，直接反映出首页的推荐宝贝或分类设置是否合理。首页到宝贝详情页的点击率高，说明推荐宝贝和买家想法一致，如果首页到某分类页的点击率高，则可判断出店铺热销或重点推荐类目。

【案例】

篆刻渲染：既是店铺视觉，也是文化传承

中国篆刻是以石材为主要材料，以刻刀为工具，以汉字为表象的并由中国古代的印章制作技艺发展而来的一门独特的镌刻艺术，至今已有3 000多年的历史。它既强调中国书法的笔法、结构，也突出镌刻中自由、酣畅的艺术表达，于方寸间施展技艺、抒发情感，深受中国文人及普通民众的喜爱。篆刻艺术作品既可以独立欣赏，又可以在书画作品等领域广泛应用。

某知名印社，创建于清光绪三十年（1904年），由浙派篆刻家丁辅之、王福庵、吴隐、叶为铭等召集同人发起创建，以"保存金石，研究印学，兼及书画"为宗旨，是一家研究金石篆刻、印学、书画的民间艺术团体，历史成就高、影响具有国际性。

其店铺首页首屏如图4.4所示，以黑色为主背景色，海报中采用印泥样式和颜色点缀文案，店标设计呈印章样式，用艺术字体现名称，店招中标有企业宗旨，同时标有品牌故事的热点，无论是颜色、字体，还是设计，无不充分体现篆刻与印学的特征及品牌文化的传播。

分类导航中有单独的名家闲章、名家书法、名家国画，如图4.5所示，让浏览者不仅感受篆刻印章的文化，更能欣赏到名家书法、国画，感受中华传统艺术、世界非物质文化遗产——中国篆刻的魅力。

项目四　网店页面视觉营销

图 4.4　网店首页首屏

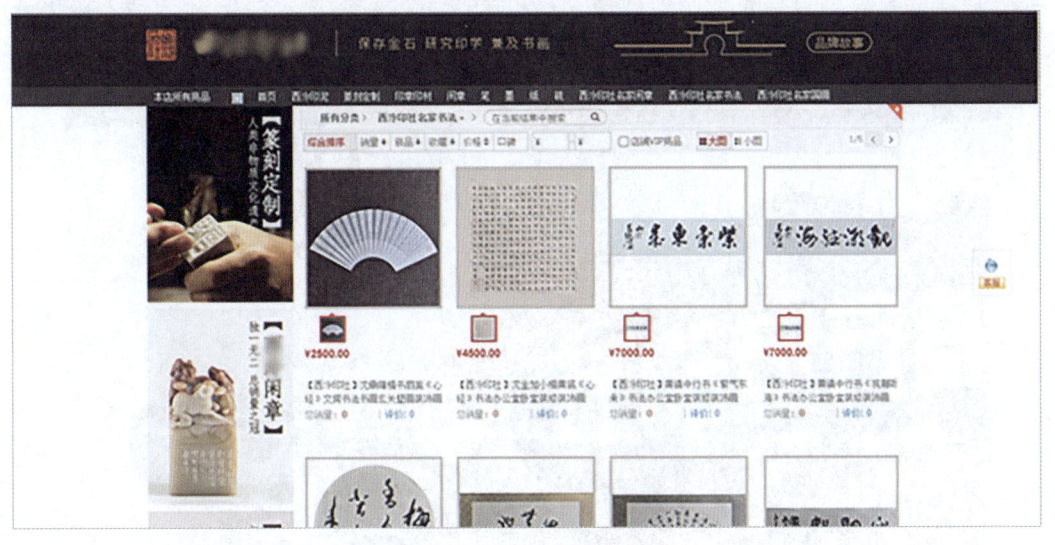

图 4.5　网店分类模块

二、首页视觉定位

（一）视觉定位

首页设计要做好视觉定位，因为这是商品信息展示非常重要的页面，很大程度上影响着用户的停留。当顾客初次访问店铺时，顾客会试图在首页上寻找一些线索，看他们想要的东西在哪，这是受网站导航和商品展示习惯影响的。结合店铺运营需求，

73

首页可分为常规型、活动型和品牌宣传型。

常规型首页设计思路是以方便买家购物为目标，通过店铺导航、活动广告图、专题页面入口、产品陈列、搜索功能等方式，以流量疏导为导向，合理设置分类导航（见图4.6），提升买家购物体验。

图4.6 网店分类导航

店铺促销活动的首页设计，以促进客户成交为导向，利用广告图、产品陈列技巧引流到目标页面、促使转化。如图4.7所示的某自行车网店首页促销活动，既能将目标客户精准引导到目标页面，促使成交；也能吸引潜在客户关注店铺活动，转化成订单。

图4.7 网店首页首屏

首页对品牌推广至关重要。品牌成长离不开曝光度，首页是提升品牌知名度的优

先选择。在首页中要体现品牌，将品牌文化、理念，通过品牌名称、Logo、Slogan 等品牌 VI 信息融入视觉设计中，让买家增加品牌印象。

（二）页面布局

首页由多个模块搭建而成，如图 4.8 所示是淘宝 PC 端网店布局，根据顾客的购物体验，首页的设计一般包含店招、导航、海报、分类导航、商品陈列和环形浏览等模块。店招是一个网店向目标顾客传递店铺理念的第一步，放置在页面顶部，用来说明经营项目，招揽买家。店招后面就是导航。导航和店招的曝光量一样，它的作用主要体现在功能性上，能让顾客用最短的时间找到想要的产品。海报可以让商品信息更加一目了然，变化与统一地将主推商品展现给买家。设置分类导航和热词搜索来进行分流，可以按照客户的消费诉求和搜索习惯来进行分类。网店商品的陈列和实体店的陈列是不一样的，它需要通过文字、图片、模块等手段来展示和推销产品。当客户浏览到页面底部时，通过视觉设计给他们留出一条返回的路径，这种设计叫环形浏览，这样的设计可以在一定程度上消灭视觉盲区，形成二次过滤分流，为商家争取到更多的转化机会。环形浏览措施包括回到首页、收藏店铺、客服中心、导航分流等。

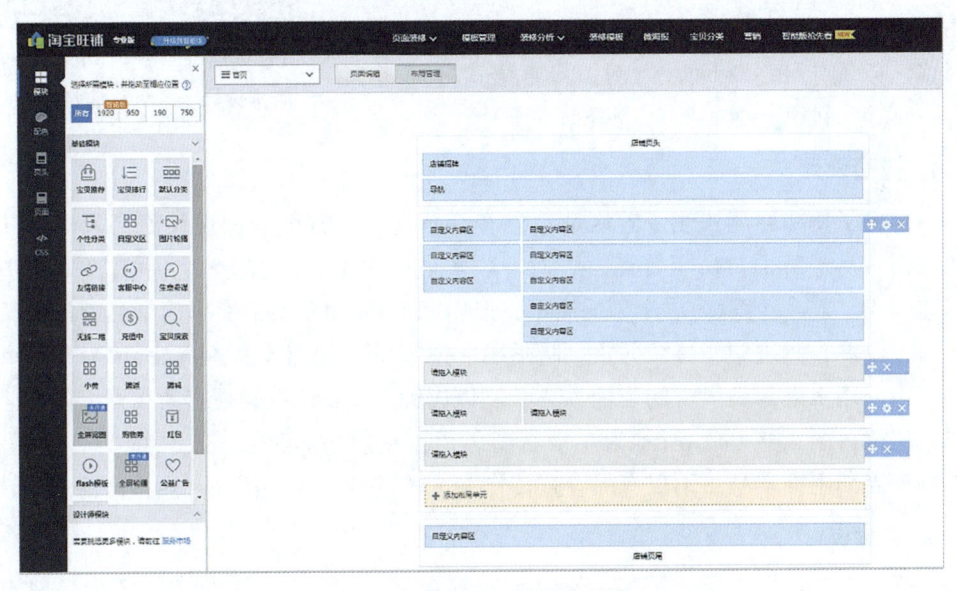

图 4.8　淘宝 PC 端网店布局

整体布局结合不同类型首页有差异化地设计，但都遵循以下原则：

第一，主次分明，中心突出。要考虑整个页面的视觉中心，大多数网店以促销广告作为页面第一视觉点，通常放置在首页中心或中心偏上位置。

第二，图文搭配，相互照应。对于重点推广的商品，一般制作促销广告到版面显眼位置，如果只是一幅图，会使广告看起来比较突兀，此时用图文结合的方式，让人看得清晰，更赏心悦目。

第三，控制背景色。一个页面最好控制在3个色系以内，颜色太多会让页面看起来主次不明。

第四，保持简洁一致性。常使用醒目的标题，限制字体与颜色数量。保持一致性可以从页面版式排列着手，每个区域文本图形保持相同间距，主要图形、标题边留有相同空白。

店铺首页不仅体现着消费定位和商家实力，同时还承载着分流和导流的重要作用，不同的客户群关注点也不同，因此，前三屏的设计显得尤为重要。无论是新客户、老客户、有目标的客户还是没有目标的客户，通常都对优惠信息感兴趣，所以，店铺促销海报应该放在第一屏最醒目的位置。

三、首页视觉营销设计

（一）店招设计

店招是买家对店铺第一印象的主要来源，不仅能吸引用户的眼球，还有助于识别网店的经营品类、定位风格。以淘宝PC端网店为例，其店招宽度通常为950px，高度通常为120px（不含导航）。

PC网店店招设计　　PC网店店招设置

1. 构图设计

店招为了使顾客能快速了解店铺信息和经营特色，构图版面设计就必须以简洁为主要风格，易于辨识、易于传播。店招一般多为居中型、左右型、左中右型等构图方式。如图4.9（a）所示为居中型的店招，以店铺Logo和Slogan突出店铺品牌形象，以红色为主色调，体现中华传统元素，暗示出非遗特色；如图4.9（b）所示为左右型店招，左边采用水墨晕染风格的店铺Logo，配以店铺Slogan，右侧是店铺收藏，体现店铺的风格定位；图4.9（c）所示为左中右型店招，左侧用品牌Logo，中间为店庆活动，而右侧为店铺主推产品，不仅有品牌宣传作用，还进行了店铺活动和热推产品的引流。

2. 要素设计

店招通常包括标志类、销售类和宣传类等视觉要素。其中，标志类要素一般有店铺名称、品牌名称、Logo标志、卡通形象等，销售类要素一般有产品、模特、促销信息、搜索等，宣传类要素一般有广告语、店铺收藏、关注等。

店招的视觉要素必须精心设计、新颖独特，有强烈的视觉冲击力，便于顾客记忆。如Logo标志必须经过VIS设计，既能形成网店特色，也能起到保护作用。再如，产品设计方面，营销型店铺可采用店内活动或某个爆款单品来突出。

3. 风格设计

店招作为品牌形象展示的窗口，对于店铺风格定位的塑造具有不可替代的作用。

项目四 网店页面视觉营销

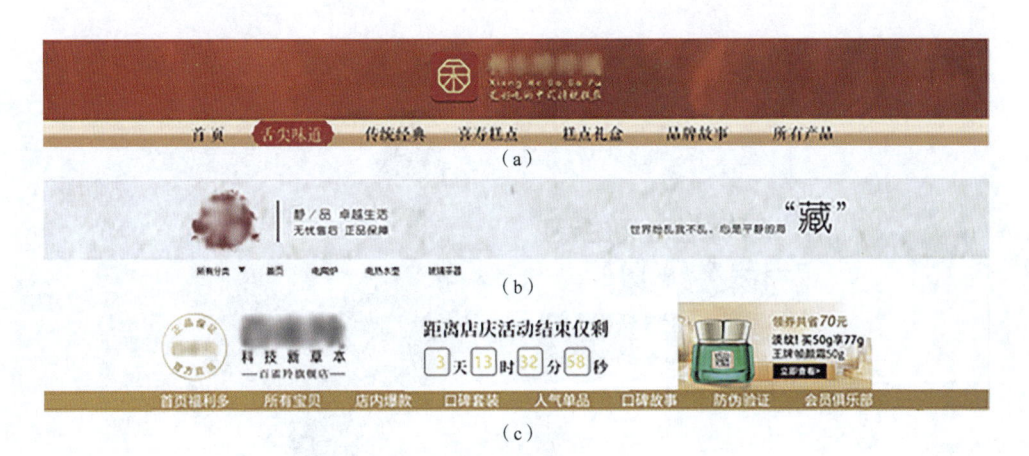

图 4.9　网店店招构图一
(a) 居中型；(b) 左右型；(c) 左中右型

一方面要保持风格，如图 4.10 所示的 2 个店招的构图方式没有变化；另一方面又要定期调整，特别是根据营销季节、市场周期、运营状况等变化及时调整背景色调、构成要素、字体等。同时，店招中还可以适当增加功能性内容，提高客户体验度，方便买家收藏、店内搜索。

图 4.10　网店店招构图二

（二）海报设计

首页海报也称为橱窗展示、Banner，通常位于店招导航正下方，主要展示品牌宣传、单品广告、活动广告等。海报通过将有效的、重要的信息传达给买家，吸引其注意力，实现合理导流、提升转化的目的。

PC 网店海报设计　　PC 网店海报设置

根据表现形式，海报可以分为轮播图和热点图。轮播图一般为 2~5 张，每张播放 5~7 秒。以淘宝 PC 端网店为例，其轮播图宽度通常与店招一致，高度通常为 100~600px。热点图一般为自定义图片形式。

1. 目标设计

必须明确海报面向的是哪些目标客户，即产品服务适用的人群。如面向青年群体，字体和色彩都活泼、可爱，如图 4.11（a）所示；面向中老年群体，字体和色彩都庄

77

重、大气，如图4.11（b）所示。

（a）

（b）

图 4.11　网店海报一

（a）面向青年群体；（b）面向中老年群体

2. 内容设计

为了便于买家快速阅读并看懂含义，海报从功能上可分为整店海报和单品海报。如图4.12（a）所示为某化妆品海报，内容是店内促销活动的整体呈现，图片选择了能体现店铺风格的场景图，文案则体现整店促销活动和信息；如图4.12（b）所示为某图书网店的单品海报，内容是针对单品的卖点促销宣传，文案和素材注重突出单品的风格和卖点。

3. 主题设计

海报主题一般为产品、价格、折扣、促销等元素内容，这应成为整个海报图片的视觉中心。主题的提炼必须简洁高效，一般运用大面积、粗字体和高对比色等手段来强化、突出主题元素。如图4.13（a）所示是使用店铺商品优势为主题的网店海报，如

图 4.12　网店海报二
(a) 某化妆品海报；(b) 某图书网店单品海报

图 4.13 (b) 所示是使用 "6·18 狂欢" 促销为主题的网店海报。

值得一提的是，过多的修饰会减弱传达，太多的细节会对主题造成干扰。如果是多个主题，则要分清主次关系，把次要信息降到第二层级。

4. 风格设计

简单来说就是表里如一、多张主题统一。例如模特的选择、字体的应用、场景的选择都和店铺风格吻合。如图 4.14 所示的网店海报，其背景色调与主体部分的搭配、左右式的构图方式、文字层次的表现，无不体现了统一的网店风格。

（a）

（b）

图 4.13　网店海报三

（a）使用店铺商品优势为主题；（b）使用"6·18 狂欢"促销为主题

图 4.14　网店海报四

图 4.14　网店海报四（续）

5. 简洁设计

可以从色彩、字体、标签、引导、取舍、构图等方面衡量。色彩要统一，有主色调，还要在主色调的基调下找对比色；用字体的大小、粗细体现重点；用标签符号，对品牌起到提示作用；用明确的按钮和箭头对买家产生心理暗示。创意过程先做加法再做减法，用减法让买家一眼就能看懂、记住。灵活运用左右平衡构图、三七开构图、左右式构图、斜切式构图、黄金分割构图等，如图 4.15 所示的网店海报，其产品、标题画面集中，颜色与背景色反差大，整体效果简洁明了。

图 4.15　网店海报五

任务二　详情页视觉营销设计

【导读】

《中华人民共和国电子商务法》（节选）

　　第十三条　电子商务经营者销售的商品或者提供的服务应当符合保障人身、财产安全的要求和环境保护要求，不得销售或者提供法律、行政法规禁止交易的商品或者服务。

　　第十四条　电子商务经营者销售商品或者提供服务应当依法出具纸质发票或者电子发票等购货凭证或者服务单据。电子发票与纸质发票具有同等法律效力。

　　……

　　第十七条　电子商务经营者应当全面、真实、准确、及时地披露商品或者服务信息，保障消费者的知情权和选择权。电子商务经营者不得以虚构交易、编造用户评价等方式进行虚假或者引人误解的商业宣传，欺骗、误导消费者。

　　……

　　第二十条　电子商务经营者应当按照承诺或者与消费者约定的方式、时限向消费者交付商品或者服务，并承担商品运输中的风险和责任。但是，消费者另行选择快递物流服务提供者的除外。

　　第二十一条　电子商务经营者按照约定向消费者收取押金的，应当明示押金退还的方式、程序，不得对押金退还设置不合理条件。消费者申请退还押金，符合押金退还条件的，电子商务经营者应当及时退还。

　　第二十二条　电子商务经营者因其技术优势、用户数量、对相关行业的控制能力以及其他经营者对该电子商务经营者在交易上的依赖程度等因素而具有市场支配地位的，不得滥用市场支配地位，排除、限制竞争。

　　视觉营销从业人员必须系统学习包括电子商务法在内的各种法律法规，增强职业责任感，培养遵纪守法的职业品格和行为习惯。
　　牢固树立法治观念，坚定走中国特色社会主义法治道路的理想和信念，深化对法治理念、法治原则、重要法律概念的认知，提高运用法治思维和法治方式维护自身权利、参与社会公共事务、化解矛盾纠纷的意识和能力。

一、认识详情页

（一）营销意义

　　详情页是影响交易达成的关键因素，就像一个店铺的导购员，把产品信息一一介绍给顾客，让买家了解如何使用，给买家最直观的视觉和感受。一个符合并满足买家心理需求的详情页，不仅能提升转化率，而且能延长买家在页面的停留时间和提高客单价，同时对降低跳失率也有重要作用。

1. 提升转化率

影响店铺转化率的因素中最重要的当属宝贝详情页了，转化率也是评价详情页好坏的重要依据。

2. 提升停留时间

详情页需要通过足够吸引浏览者的内容，符合买家心理期望的设计来呈现商品内容。从数据表现来看，优秀的详情页可以延长买家在页面的停留时间。

3. 提升客单价

通过详情页的内容呈现，关联销售可以挖掘买家的潜在需求。当买家需求被挖掘，再通过文案营销就很容易让买家产生关联购买意愿，从而提高客单价。

（二）关键指标

1. 买家关注指标

浏览者进入详情页，迅速了解选择商品的详细信息，总会带着一些问题和顾虑，详情页的设计则要围绕这些问题，消除他们的顾虑。

（1）这个东西好吗？
（2）产品的实拍图、细节图是什么？
（3）产品的价格、颜色、功能是什么？
（4）为什么产品值这样的价钱？
（5）不知道使用效果好不好？
（6）有多少人买过这个产品？
（7）评价如何？
（8）售后有保障吗？
（9）如果退换货怎么办？
（10）看到我想要的了，怎么立即购买呢？

2. 卖家关注指标

第一，PV 和 UV。有流量是基础，但产品成交转化率很低的时候，不建议引流，因为没有转化的流量比没有流量问题更加严峻。

第二，成交转化率。这是详情页最重要的一个指标，这个指标的前提是要有一定数量级别的 PV 和 UV，基数太小就没有意义了。详情页中呈现的内容是否能打动消费者，能否满足消费者的需求都会影响转化率。

第三，跳失率和出店率。这两个指标当然越低越好。转化率提升后，整个店铺的跳失率自然就会下降，所以一个高转化率的详情页就尤为重要了。

第四，收藏率和购物车使用率。详情页收藏率和购物车使用率是看该产品有没有潜力的重要数据指标。

【案例】

如实描述

电商平台对商家的要求中，关于消费者保障服务内容突出"如实描述"，即应在商品详情页面、店铺首页等所有电商平台提供的渠道中，依据平台规则对上传的商品信息进行如实描述。

例如，淘宝平台会分批对上线商品发布"先审后发"的流程，如果发布后审核不通过，提示"宝贝图像描述（主图、副图、详情图）中包含虚假描述"，这是由于发布后审核排查发现商品信息中含有虚假宣传的描述，需要及时整改违规描述，再重新发布，等待审核结果。如信息中出现损害竞争对手的商业信誉、商品声誉的内容，如比××品牌好，比××品牌更有效，比××品牌更天然（见图4.16）；出现"产品免检""免检产品""质量免检"等免检字样或标志，必须去除损坏竞争对手商业信誉、商品声誉的信息，去除"产品免检""免检产品""质量免检"等免检字样或标志。

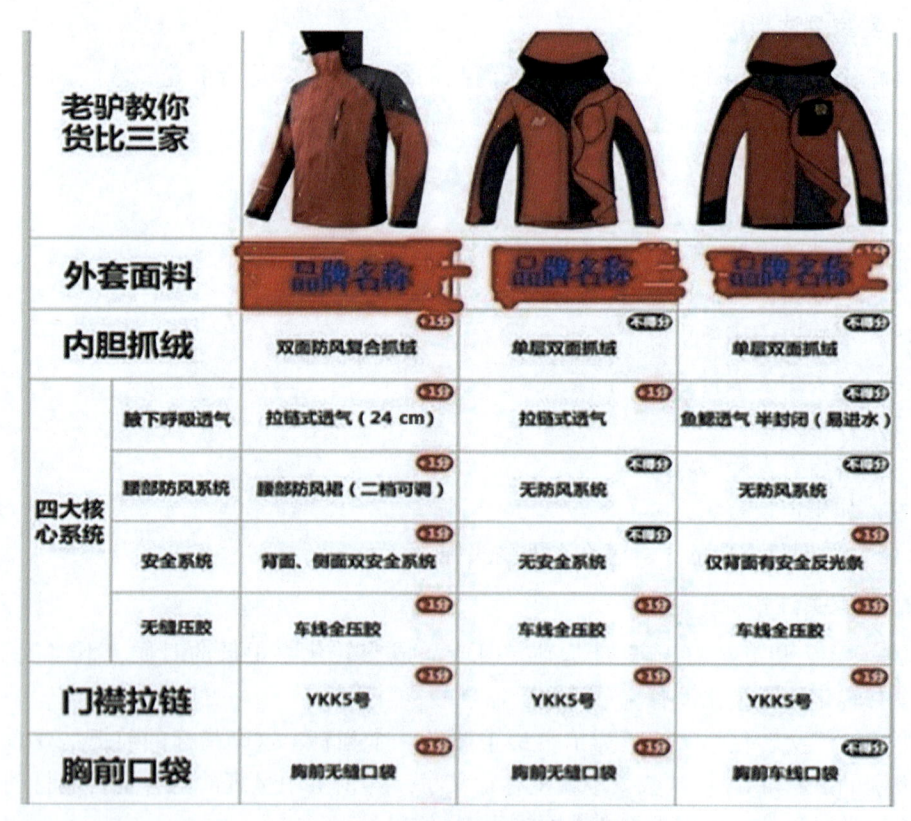

图4.16 "如实描述"示意图

二、详情页视觉定位

（一）定位思路

文案和图片是详情页不可缺少的组成部分，长篇大论不如图文并茂地解说。精彩的文案创意搭配适宜的视觉设计，是许多店铺迅速抓住人心的秘诀。较为理想的详情页设计，一般要满足以下几方面的视觉定位：

第一，做好竞品调研。通过解析竞品详情页，获取竞品诉求点，通过SWOT分析找准商品的营销切入点。

第二，产品属性、用途和用户群需求分析。根据运营情况，店铺商品分为新品、热卖单品、促销商品和常规商品等，不同商品呈现的详情页视觉重点是不一样的。

【引申】

详情页之产品分类

新品的详情页设计重点是让买家了解商品的同时，把商品的设计理念准确无误地传达给买家。一方面，突出差异化优势，做到"敌无我有，敌有我优"，能在激烈的竞争环境中，让商品脱颖而出；另一方面，强调品牌、品质，加深消费者对商品的信任程度。

常规商品的详情页设计重点是给买家足够的理由选择商品，而买家选择商品的理由，通常是商品的功能、性价比以及营销活动。

促销商品的详情页设计，可以通过呈现活动的力度吸引买家对商品产生兴趣和关注，强调性价比和功能，给买家塑造物超所值的感觉。

热卖商品的详情页设计，应突出商品的热销情况以及商品的优势。利用消费者从众心理，降低买家购买顾虑，提升商品转化。利用商品优势证明大众选择的正确性，好的商品才能让买家下定决心购买。

第三，运用FABE、USP等法则提炼商品卖点设计，透过视觉手段，依据用户体验来制造视觉层次，制定视觉规范，实现视觉语言一致性，为浏览或使用制造视觉愉悦感，加深品牌印象。

【引申】

FABE销售法

FABE销售法是由美国奥克拉荷大学企业管理博士、中国台湾中兴大学商学院院长郭昆漠总结出来的，是典型的利益推销法，可操作性强。它通过四个关键环节，极为巧妙地处理好了顾客关心的问题，从而顺利地实现产品的销售。

F——特征（Features），就是自己品牌所独有的特色。包括产品的特质、特性等基本功能，以及它如何满足买家的各种需要。例如从产品名称、产地、材料、工艺定位、特性等方面深刻挖掘内在属性，找到差异点。

A——优点（Advantages），即 F 所列的商品特性究竟发挥了什么功能，要向买家证明"购买的理由"，包括与同类产品相比较，产品的比较优势、独特的地方，可以直接或间接地阐述。例如更管用、更高档、更温馨、更保险等。

B——利益（Benefits），即 A 所列的优势带给买家的好处。利益推销已成为推销的主流理念，一切以顾客利益为中心，通过强调顾客得到的利益、好处激发顾客的购买欲望。需要强调的是，需用众多形象词语来帮助消费者虚拟体验产品。

E——证据（Evidence），包括技术报告、顾客来信、报刊文章、照片、示范等，通过现场演示、提供相关证明文件、品牌效应等方式来印证前面的系列介绍。所有作为"证据"的材料都应该具有足够的客观性、权威性、可靠性和可见证性。

FABE 法简单地说，就是在找出顾客最感兴趣的各种特征后，分析这一特征所产生的优点，找出这一优点能够带给顾客的利益，最后提出证据，通过这四个关键环节的销售模式，解答消费诉求，证实该产品确实能给顾客带来这些利益，极为巧妙地处理好顾客关心的问题，从而顺利实现产品的销售诉求。

第四，运用文案表达产品差异化优势、产品情感、买家痛点。为了提升转化率，常用商品品牌、品质、服务、性价比、价格优势、差异化优势、热销盛况等去加强客户的购买欲望。

（二）布局定位

详情页通常包括店招、导航、主图、基础信息、描述信息、相关信息、产品推荐、产品搜索、产品分类、产品排行、收藏、营销活动、二维码、旺旺客服等模块。其中，产品主图、基础信息、描述信息、自定义信息、相关信息是详情页最重要的模块。网店详情页结构如图 4.17 所示。

图 4.17　网店详情页结构

项目四　网店页面视觉营销

1. 主图

主图是买家查看产品时显示的第一视觉图片，也是产品最主要的图片，具有很强的营销功能与品牌宣传功能。无论是用关键词搜索还是类目搜索的方式，搜索结果中显示的就是商品主图列表，通过单击主图进入商品详情页从而产生有效流量。如消费者要买漱口杯，在淘宝中的第一个动作是输入关键词"漱口杯"，单击"搜索"按钮，搜索结果页面如图 4.18 所示。这些图片通常是漱口杯的主图、首图。

宝贝主图
设计技巧

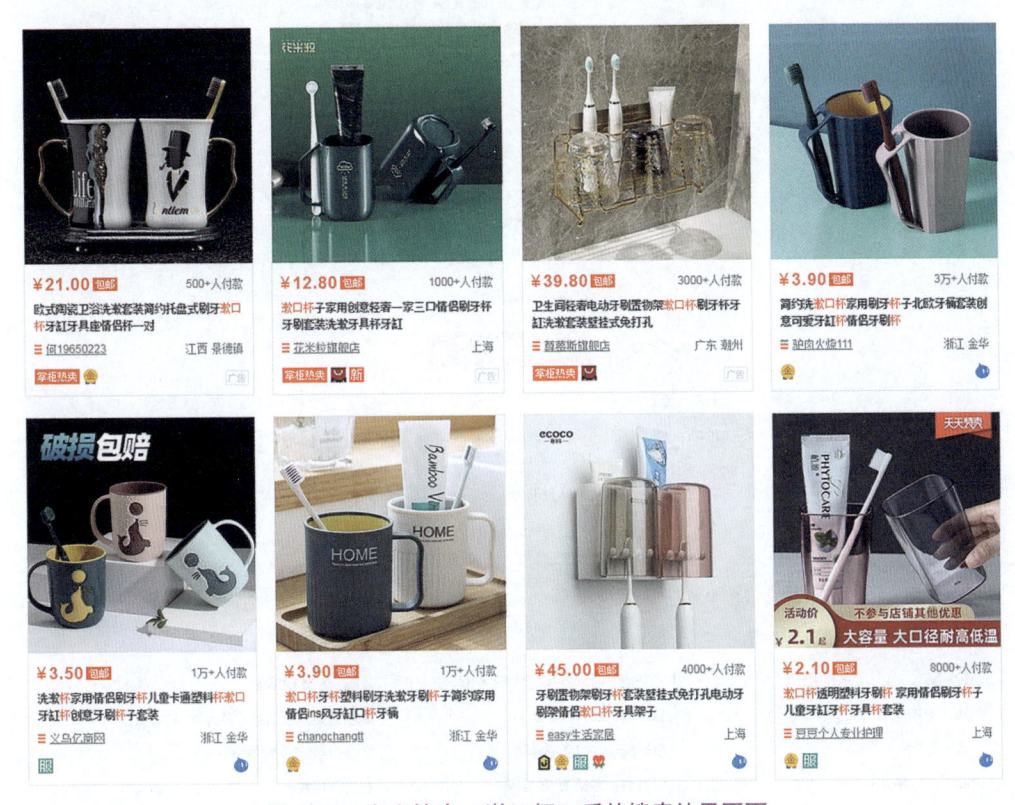

图 4.18　淘宝搜索"漱口杯"后的搜索结果页面

2. 基础信息

基础信息包括产品名称、关键词、价格、累计评论、交易成功、优惠、配送、尺寸、颜色分类、数量、库存、立即购买、加入购物车、承诺、支付等，如图 4.19 所示。基础信息能快速解答客户疑问，必须填写完整、真实，也是为了帮助客户更好地了解产品，减少客服的工作量。如果商品属性太少，客户认知少，自然跳失率就高。

3. 描述信息

描述信息包括宝贝详情、累计评论、专享服务。不同的商品分类，详情存在差异，如图 4.20 所示是一款防晒衣的描述信息，有品牌、主要功能、尺码、颜色分类、适用季节、货号、服装版型、适用对象、紫外线防护系数等信息。

87

图 4.19　网店详情页商品基础信息

图 4.20　网店详情页商品描述信息

4. 自定义区域

自定义区域通常由海报、模特图、产品图、细节、比较、尺码、保养信息等模块组成。整体图占屏幕面积最大，排在最前面，其次是细节图，再是功能性描述的文字或者数字。文字或属性描述一般排在最前，或在整体图和细节图之前。一般描述都是精益求精，不追求篇幅，以视觉美感或者利益诱惑取胜。如图 4.21 所示，在自定义区域展示了产品图、尺寸及试穿、模特效果图、细节图、服务质量信息。用产品品牌、细节、工艺、用户评价等激发用户购买欲望。

88

项目四　网店页面视觉营销

图 4.21　网店详情页商品自定义信息

5. 相关信息

相关信息包括价格说明、看了该宝贝的人还看了（店内关联产品）、买了该宝贝的人还买了（店内关联产品）、邻家好货（店外关联产品）等。

89

三、详情页视觉营销设计

（一）主图设计

优化商品主图设计是网店视觉营销的核心工作之一。主图不仅要达到提高点击率、吸引流量的核心作用，也要能起到传递产品信息、替代广告推广、提升店铺转化率的作用。

主图视频
设计技巧

1. 尺寸设计

不同电商平台对主图尺寸有不同的要求和规范，卖家必须遵守平台规定及要求。如淘宝规定：主图大小小于等于 3 MB，建议正方形图片；若图片宽高为 700px×700px 或以上，详情页会自动提供放大镜功能；第五张为白底图，即背景为白色。再如苏宁易购要求：图片大小不能小于 800px×800px，主图白底图不能有环境色，不能出现"畅销""新品""人气""好评"等文字。主图也可以是视频形式，以动态展示产品，吸引买家眼球，延长买家停留时间，提升网店权重。如图 4.22 所示的某品牌漱口杯，共 1 个视频、5 张主图，其中第 5 张是白底图。

图 4.22　某品牌漱口杯视频及主图

2. 图片设计

图片清晰是主图的首要条件，模糊的图片不仅影响消费者的视觉体验，还会影响商品的价值体现。在选择主图素材时应选择构图合理、曝光正常的图片，因为光线的色温及敏感不同,在不同终端显示会造成商品产生色差。如果采用曝光有问题的图片,很容易引起售后纠纷。

主图必须能在有限的空间内清晰表达商品主体图像,充分展现产品的首要外观属性,突出产品主体特征、优点、卖点,从而能在短时间内直达消费者内心,激发购买欲望,促进交易的产生,提升店铺转化率。如图 4.23 所示是一组女鞋主图,如图 4.23(c)所示的主图背景清晰、主体突出,视觉焦点在展现鞋身和品牌 Logo 上;如图 4.23(a)和图 4.23(d)所示的主图干扰度较大,模特的手脚、包装物使得买家视线无法集中在产品上;如图 4.23(b)所示的主图的产品主体轮廓未能完整体现。

图 4.23 一组女鞋主图
(a)主图 1;(b)主图 2;(c)主图 3;(d)主图 4

3. 展示设计

几张主图必须采用多视角、多景别,以及多种构图方式来表现产品,这样既能让产品更加灵动、增强立体感,有助于买家清晰地看到产品全貌,又能促进买家的点击和转化。同时,在尺寸有限的状况下,要获得更高的点击率,近景比远景更具有优势。如图 4.24 所示的某女装主图,除了通过正面、侧面等视角外,还以近景、全景、中景等不同的景别来展示产品,以突出产品的场景感。

图 4.24 某女装主图

4. 文案设计

主图和文案表达的重点在于产品诉求,即买家对产品的兴趣度,实现买家与卖家诉求高效对接。明确产品主图上的文案目的,一般是突出卖点、材质、折扣、促销信息等。但这些信息太多,会遮挡产品主体,影响对产品属性的辨认,也很难将产品的视觉价值提升。

如图 4.25 所示是一组男裤主图，如图 4.25（c）所示的主图用 Logo 突出品牌，使消费者对该款产品建立品牌印象；其他三个产品主图，使用纸袋包装、产品数量、价格因素、产品品牌和性价比等，在主体裤子的呈现上造成了视觉干扰，让消费者产生无从下手选择的感觉。

图 4.25　一组男裤主图
(a) 主图 1；(b) 主图 2；(c) 主图 3；(d) 主图 4

5. 表现设计

主图必须能以最佳的方式将产品价值传递给客户，在竞品中表现差异化的视觉效果，使买家产生兴趣和好感。通过分析市场、分析竞争对手、体现产品的差异化，使产品在瞬间吸引消费者的眼球。在激烈的竞争中，要做到第一时间吸引买家眼球，可以考虑从色彩对比、创意、构图和卖点等方面来体现。给产品主图加一个与众不同的底色，增强产品的优势感、提升产品的美感，从而在产品列表中脱颖而出。当然底色应符合产品的特征，做到在第一时间用大面积的色块吸引到消费者的注意力。如图 4.26 所示是一组茶杯主图，如图 4.26（a）所示的主图采用了自然木色背景和白色自然光的氛围烘托，区别于其他 3 张竞品的深色背景，能迅速吸引买家眼球。

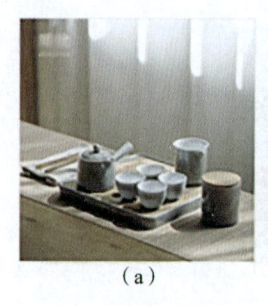

图 4.26　一组茶杯主图
(a) 主图 1；(b) 主图 2；(c) 主图 3；(d) 主图 4

（二）描述区域设计

1. 模块设计

自定义区域位于宝贝主图以下，是详情页的主体内容，承担着展

网店描述页设计

示产品详细信息、实现购买转化的核心作用。该区域一般包括产品概况、产品细节、交易说明、促销信息等模块，通常呈现商品参数、色码、产品角度、使用状态、细节、功能、售后等视觉方式。

1）主体角度

商品主体角度展示图可以让消费者全面了解商品外观属性，消费者在这里对商品的了解要求深入细致。商品主题多角度展示图应从前后、左右、上下、里外等多角度充分展示商品的外观特征，多采用拍摄好的图片，进行以图为主的图文并排设计。

2）参数展示

商品参数展示图权威全面地描述商品的参数，一般包含商品的品牌、标志、型号、尺码大小、材质、颜色系列、流行元素、版型等，最重要的是展现商品的规格，即整体尺寸与部位尺寸，如图4.27所示。

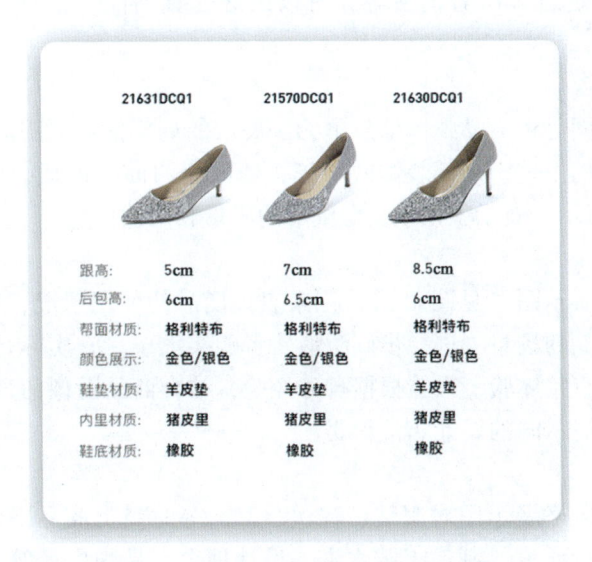

图4.27　网店详情页商品参数展示图

3）色码属性

商品色码属性展示图用于描述商品的颜色种类和尺码选择，以满足不同消费者对颜色和尺寸的需求。要把同一款商品的所有颜色和各种尺码都展示给消费者，不同品类商品设计风格差异较大。如图4.28所示，将某款女鞋所有颜色混合放在一起，采用对角线构图方式呈现。

图 4.28　网店详情页商品色码属性展示图

4）商品功能

商品功能展示图用来展示商品的特殊使用功能，展示不同的设计，提醒适合的人群等。并不是所有的商品都必须设计功能性展示图，要根据需要进行设计与安排。例如服装类商品，由于消费者体型差异，即便相同规格，也存在不同部位效果差异，为了规避这个问题，通常采用试穿报告形式展现。而对于鞋类产品，由于脚型不同，相同款式与尺码不一定适合所有消费者，所以最好配置商品功能性展示图，如图 4.29 所示。

5）细节展示

商品细节展示图是将商品整体信息中无法展示的局部信息，用放大的图像来表示，如材料质感、精湛的工艺、局部装饰效果等，辅助说明商品品质，促进消费者信任感提升。如图 4.30 所示，展示了该款女鞋细节的质量和工艺信息。

6）使用状态

商品使用状态展示图（见图 4.31）用来表现商品的使用状况，通过促进消费者联想到自身使用该产品的场景，进一步刺激消费者购买欲望。它实际是一种虚拟的体验，消费者无法对商品直接体验，只能根据自身经验，结合商品图像信息判断其使用价值，因此商品使用状态展示图的设计非常重要。

7）理念风格

商品设计理念风格展示图对服装、鞋包、首饰等时尚类商品来说必不可少，展现的是设计风格、流行元素、制作工艺水准、设计理念、品牌内涵等，其中文案设计是比较重要的，如图 4.32 所示。

8）售后及商家信息

品牌、售后、商家信息展示图是为了解除消费者购买商品后产生的顾虑及消费者对商家的信任感的缺乏。在设计中体现物流问题、退换货问题、商品保质期限、维修问题等，可以提升消费者对商品与商家的信任度。

项目四 网店页面视觉营销

国家标准尺码对照表（实际情况因个人脚型不同而异）

欧洲尺码	34	35	36	37	38	39
国内尺码	220	225	230	235	240	245
脚长（mm）	216~220	221~225	226~230	231~235	236~240	241~245
脚宽（mm）	80~85	85	85~90	90	90~95	95

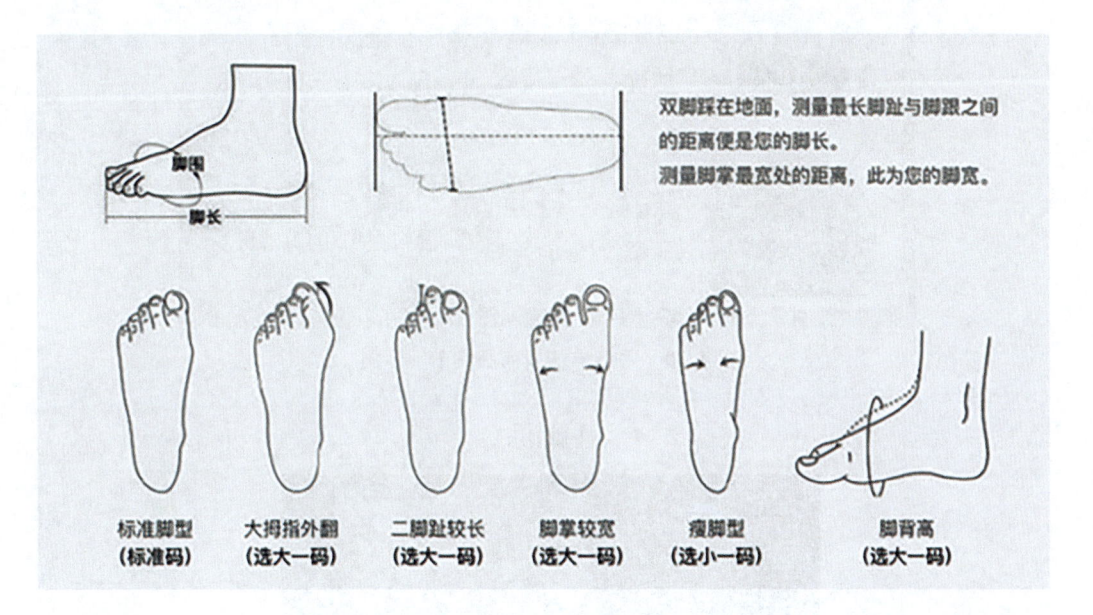

双脚踩在地面，测量最长脚趾与脚跟之间的距离便是您的脚长。
测量脚掌最宽处的距离，此为您的脚宽。

标准脚型	大拇指外翻	二脚趾较长	脚掌较宽	瘦脚型	脚背高
（标准码）	（选大一码）	（选大一码）	（选大一码）	（选小一码）	（选大一码）

试穿报告
·TRY·
▼
商品编号
CK1-60280245-1

试穿人员	脚长/cm	脚宽/cm	脚背/cm	脚型	平时尺码（中国码）	试穿尺码（欧码）	试穿反馈
faye	21	8	6	偏瘦	36	36	合适
Aida	22	9	7.5	标准	37	36	偏小一码
kiki	21	9	7	偏胖	36	36	偏小半码

图 4.29 网店详情页商品功能展示图

2. 设计优化

优化商品详情页自定义区域是网店视觉营销的核心工作之一。以上所述的模块

图 4.30　网店详情页商品细节展示图

上脚展示

图 4.31　网店详情页商品展示图

内容通常根据店铺和商品的具体情况按照一定的顺序进行规划，视觉设计需要考虑消费者购买习惯及决策思考链路，可以分为引起注意、提升兴趣、建立信任、消除疑虑、促进成交几个步骤。最后也可以加入管理销售来提升流量运用效率，提升店铺客单价。

设 计 寄 语
"Tell the story"

献给拥有主角梦想的"仙女"

《星光》

每个女孩都有个鱼尾梦

垫肩长袖打造出超美直角肩

大大小小的水钻

反射出璀璨星光,精致华丽

后摆是轻轻柔柔的薄纱

仙气又飘逸

穿上TA,展现出优雅高贵气场

图 4.32　网店详情页理念风格展示图

1)引起注意

引起消费者注意的方式有很多,比如热门事件、新品上市、名人效应等。日常运营中,使用最多且有效的方式是营销折扣。例如,优惠券、满减、满赠等全店营销活动,或单品限时限量优惠折扣等,都能有效吸引消费者注意力,使其继续浏览商品详情。

2)提升兴趣

提升消费者兴趣应该从消费者关心的商品核心卖点入手。把商品的差异化优势以及消费者愿意为它买单的卖点通过视觉化呈现给消费者。使用这样的呈现方式,商品的卖点将会更加直观,更有说服力。

3)建立信任

消费者会更加信任有实力的企业,因此需要通过展示企业的实力,帮助消费者做购买决策。企业实力一般体现在产品专利、奖项等方面。展示企业实力的照片有助于提升转化率,对于高单价的商品效果尤为明显。

4)消除疑虑

优质的售后服务保障、严格的送货包装及物流服务等都能消除消费者的购物疑虑。因此详情页中可以做出对消费者的售后承诺。常见的承诺内容包括7天无理由退换货、24小时发货、假一赔三、正品保障等。商家也可以根据店铺实际运营情况向消费者做出承诺。在做出承诺时,务必要和消费者说明,避免未来售后纠纷。

5）促进成交

商品使用场景图可以激发消费者的需求，塑造拥有产品后的感觉。如图 4.33 所示，该款拖把产品为了突出产品的通用性，使用不同场景的地面和文案突出各种地面的适用性。另外详情页内加入赠品等利益点，也是促进成交的临门一脚。

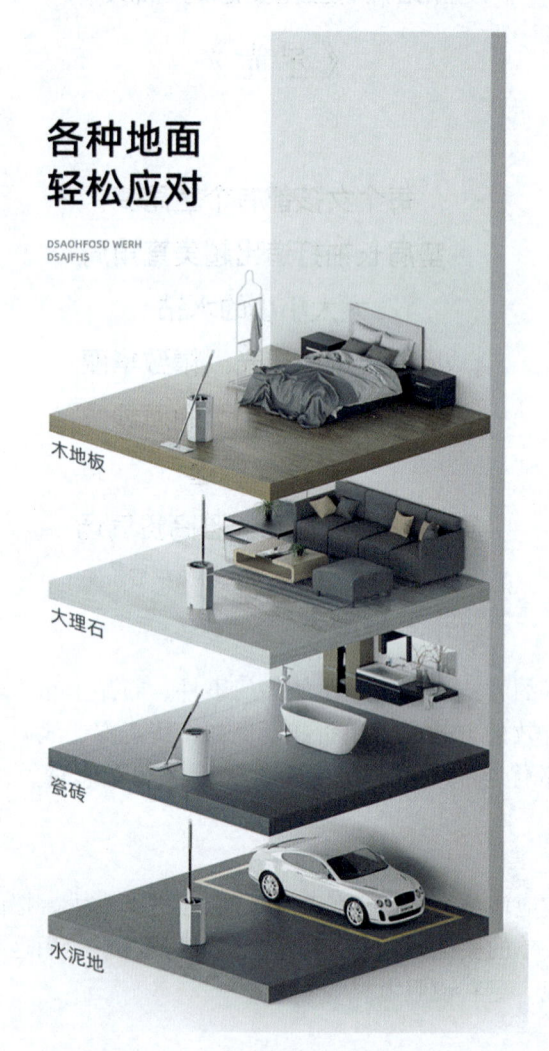

图 4.33　网店详情页商品使用场景图

6）关联销售

关联销售能提升商品的转化率，提高客单价、商品曝光率。可以做关联销售的商品有三类：第一类是活动商品，根据运营的需要，让店铺主推的商品具有更高的曝光度，以活动引导消费者点击并且成交；第二类是潜在关联商品，即相搭配和辅助的商品，消费者容易产生潜在需求购买；第三类是替代关联商品，如同等价位的不同款式的相似商品。

对于关联销售商品图片的展示位置，有些在详情页前部，有些在尾部，很少有放在中部的情况。大多数商家选择将关联商品信息放在商品描述的前面，这样可以让消费者快速浏览到其他商品，增加购买数量。而在尾部插入关联商品，无论是从点击率还是购买率来看，都有明显提升。消费者愿意花时间浏览商品描述，说明很喜欢这款产品，并有极强的购买欲望，当看到尾部有相关产品、热卖产品或搭配产品的时候，自然愿意关注。

项目小结

　　网店首页是浏览者对店铺形成第一印象的重要区域，既是传达店铺促销活动信息的重要页面，也是流量引导的重要页面。在分析消费者的关注指标的同时，要充分挖掘网店的关注指标。网店首页设计要做好视觉定位，必须区分常规型、活动型和品牌宣传型首页的不同。

　　首页布局需要遵循以下原则：

　　（1）主次分明，中心突出；

　　（2）图文搭配，相互照应；

　　（3）控制背景色；

　　（4）保持简洁一致性。

　　店招是首页的首要模块，通常遵循以下视觉营销规律：

　　（1）构图简洁，易于传播；

　　（2）要素精致，便于记忆；

　　（3）风格稳定，强化印象。

　　海报也称为橱窗展示，通常位于店招导航正下方，通常遵循以下视觉营销规律：

　　（1）目标明确；

　　（2）内容直观；

　　（3）主题突出；

　　（4）风格统一；

　　（5）简洁美观。

　　网店详情页是影响交易达成的关键因素，不仅能提升转化率，而且能延长买家在页面的停留时间和提高客单价，同时对降低跳失率也有重要作用。

　　网店详情页设计要做好视觉定位，必须做到：

　　（1）做好竞品调研；

　　（2）进行产品属性、用途和用户群需求分析；

　　（3）运用FABE、USP等法则提炼商品卖点设计；

　　（4）文案表达产品差异化优势、产品情感、买家痛点。

详情页通常包括店招、导航、主图、基础信息、描述信息、相关信息、产品推荐、产品搜索、产品分类、产品排行、收藏、营销活动、二维码、旺旺客服等模块。

优化商品主图设计是网店视觉营销的核心工作之一，通常遵循以下视觉营销规律：

(1) 尺寸规范，遵守规定；
(2) 图片清晰，重点突出；
(3) 角度丰富，完整展示；
(4) 文案恰当，体现诉求；
(5) 分析竞争，表现差异。

自定义区域位于宝贝主图以下，是详情页的主体内容，承担着展示产品详细信息、实现购买转化的核心作用，通常呈现商品参数、色码、产品角度、使用状态、细节、功能、售后服务等信息。

优化商品详情页是网店视觉营销的核心工作之一，必须遵循引起注意、提升兴趣、建立信任、消除疑虑、促进成交等几方面的视觉营销规律。

项目测验

一、单选题

(1) 以下关于网店首页视觉规划的描述中，错误的是（　　）。

A. 页面布局风格统一　　　　　　　B. 视觉中心突出强化
C. 配色排版稳定不变　　　　　　　D. 视线引导恰当利用

(2) 如图 4.34 所示的网店店招的构图方式是（　　）。

A. 中心式　　　　　　　　　　　　B. 左右式
C. 左中右式　　　　　　　　　　　D. 对称式

图 4.34　网店店招

(3) 淘宝 PC 网店中，图片轮播最多有（　　）张。

A. 3　　　　　B. 4　　　　　C. 5　　　　　D. 6

(4) 以下关于网店详情页的描述中，不准确的是（　　）。

A. 通常是客户最先进入网店的页面　　　B. 承担着网店导流导购的关键作用
C. 可激发客户购买兴趣和欲望　　　　　D. 一般需优化爆款宝贝详情页

(5) 如图 4.35 所示的网店产品主图的构图方式是（　　）。

图 4.35　网店产品主图

A. 左右式　　　　　B. 竖式　　　　　C. 框架式　　　　　D. 横式

(6) 以下关于淘宝网店描述信息的说法中，不正确的是（　　）。

A. 详情页的主体区域，包括宝贝主图区域

B. 包括系统默认、自定义编辑等模块

C. 包括产品概况、产品细节、交易说明、促销信息等内容

D. 是淘宝网店视觉营销的核心工作之一

二、多选题

(1) 网店首页一般承担着以下哪些营销目标（　　）。

A. 塑造店铺形象　　　　　　　　　　B. 便于搜索产品

C. 展示促销活动　　　　　　　　　　D. 塑造品牌形象

(2) 如图 4.36 所示的网店店招中有哪些设计要素（　　）。

图 4.36　网店店招

A. 网店名称　　　　B. Logo　　　　C. 商品　　　　D. 收藏

(3) 如图 4.37 所示的网店海报设计有哪些问题（　　）。

A. 产品不突出　　　　　　　　　　　B. 色调不协调

C. 构图不合理　　　　　　　　　　　D. 文案不醒目

图 4.37　网店海报设计

(4) 以下关于网店产品主图拍摄技巧的描述中，正确的是（　　）。
A. 曝光准确真实　　　　　　　　　　B. 多角度多景别拍摄
C. 构图合理新颖　　　　　　　　　　D. 使用网络照片

5. 如图 4.38 所示的网店产品主图的视觉设计存在哪些不足（　　）。

图 4.38　网店产品主图

A. 产品不突出　　　　　　　　　　　B. 卖点不鲜明
C. 背景较杂乱　　　　　　　　　　　D. 模特没露脸

(6) "6·18" 期间，某销售时尚女装的淘宝网店需要优化修改描述页。以下哪些模块内容必须在前 3 屏中充分展示（　　）。
A. 产品诉求　　　B. 产品款式　　　C. 促销活动　　　D. 使用说明

三、思考题

(1) 网店首页和商品详情页的视觉营销意义何在？

（2）主图视觉设计需要关注哪些因素？
（3）详情页视觉设计要考虑消费者购买习惯及决策因素，具体体现在哪些方面？

项目实践

实践 1　网店首页设计

一、实践操作

任意参考电商平台某网店（PC端、移动端均可），分析其店招、海报、商品推荐等模块在尺寸规格、构图布局、图文搭配、营销效果等方面的现状及问题，设计网店首页1个。其中，店标Logo可引用网店原版，也可重新设计，设计海报2~5张。

二、实践考核

本实践考核学生对于网店首页设计规律（包括店招、海报等）的掌握程度，以及设计效果、工作态度与效率等职业素养表现。实践考核标准如表4.1所示。

表 4.1　实践考核标准

考核指标	考核内容	考核分值
设计规范	版式结构：页面及图像格式、分辨率、尺寸等基本结构是否符合规范	20
设计效果	店招：独特、有一定的创新性，体现网店商品、风格等	30
	海报：图片主题统一，网店商品相关，有一定的吸引力、营销导向，能提升网店风格	30
	与原店招、海报的差别成效	10
职业素养	项目完成时间、工作态度等	10

实践 2　网店详情页设计

一、实践操作

任意参考电商平台某网店（PC端、移动端均可），分析其详情页主图、描述区域等模块在尺寸规格、构图布局、图文搭配、营销效果等方面的现状及问题，设计网店详情页1个。其中，设计主图4~6张；设计比较完整的描述区域，图片5张以上。

二、实践考核

本项实践考核学生对于网店详情页设计规律（包括主图、描述区域等）的掌握程度，以及设计效果、工作态度与效率等职业素养表现。实践考核标准如表4.2所示。

表 4.2　实践考核标准

考核指标	考核内容	考核分值
设计规范	版式结构：页面及图像格式、分辨率、尺寸等基本结构是否符合规范	20
设计效果	主图：图片设计美观、主题突出，有一定的冲击力	30
设计效果	描述区域：图片包含但不限于商品属性、特点、卖点、适用人群、配送、售后等，设计美观、图文混排，有一定的逻辑性、冲击力	30
设计效果	与原主图、描述区域的差别成效	10
职业素养	项目完成时间、工作态度等	10

项目五
网店推广视觉营销

【学习目标】

1. 知识目标

理解电商平台（淘宝）直通车的营销规律、主要展位、运营推广等基本原理，掌握直通车主图的视觉营销规则与设计技巧。

理解电商平台（淘宝）钻展的营销规律、主要资源位、运营推广等基本原理，掌握钻展主图的视觉营销规则与设计技巧。

2. 能力目标

能够遵循电商平台（淘宝）流量引导工具的运作规律，合理高效地分析、设计、运作各类电商平台（淘宝）直通车和钻展。

3. 素质目标

从事视觉设计岗位，培养高效的个人工作能力和团队合作精神，同时培养吃苦耐劳、敢于承担重任、勇于创新、大胆突破等商业工匠精神。

视觉营销

任务一　直通车视觉营销设计

【导读】

电商美工与电商视觉设计师

从事电子商务行业的人对电商美工这个职位应该不陌生，那么电商视觉设计师职位呢？两者都是以电商图像、视频等设计制作为主的职位，到底有什么区别呢？

电商美工职位描述：

负责网店店铺装修设计工作；对网店首页广告、店铺公告、商品系列栏目页面的活动图片制作、发布、修改、调整；配合店铺销售活动美化店铺及产品展示；根据店铺营销活动计划，对店铺首页及附加页面进行美化设计；不断编排优化店铺页面结构、商品描述美化、店铺产品图片处理；制作日常产品图片、宣传海报和网络维护。

（摘自百度百聘）

创意设计师职位描述：

理解商业模式，明确业务的长期目标和当下策略；对品牌、营销、传播等领域提供整体创意设计解决方案；具备对商业、运营、数据等方面的思考和实践能力；关注创意行业趋势，让创意设计产生明确的商业价值。

（摘自阿里巴巴集团招聘官网）

从以上对该类职位的描述中，读者们可以试着从职位定义、职业技能、职业素养、工作作品等方面去辨别它们的不同。

> 电商视觉营销从业人员必须明确岗位职责，热爱工作，深化培养职业理想和职业道德，理解并自觉实践电商视觉工作的职业精神、工匠精神和职业规范，增强职业责任感，培养遵纪守法、爱岗敬业、无私奉献、诚实守信、办事公道、开拓创新的职业品格和行为习惯。

直通车即所谓直接通向网店页面的推广工具，它是为淘宝（天猫）卖家进行网店和产品推广的一种付费营销工具。网店经营者从后台设置相应的推广计划、推广时间、关键词、价格等内容，按照点击扣费的原则，直通车推广图（俗称"车图"）就可能出现在相应的展位。网店通过直通车可以实现引流、精准营销等目标。同时，高效的直通车可以提升免费自然搜索流量的权重。为此，网店经营者必须熟悉直通车的展位类型、运营流程等基本知识。

【引申】

淘宝推广方式

淘宝客，一种按成交计费的推广模式，也指通过推广赚取收益的一类人。淘宝客只要从淘宝客推广专区获取商品代码，任何买家经过推广进入淘宝卖家店铺完成购买后，就可得到由卖家支付的佣金。

定向推广，搜索推广之后的又一精准推广方式。利用淘宝网庞大的数据库，通过创新的多维度人群定向技术，锁定网店目标客户，并将推广信息展现在目标客户浏览的网页上。

直通车，为专职淘宝和天猫卖家量身定制的，按点击付费的效果营销工具，为卖家实现宝贝的精准推广。其是由阿里巴巴集团旗下的雅虎中国和淘宝网进行资源整合，推出的一种全新的搜索竞价模式。

淘宝论坛，最具人气的淘宝店铺推广社区论坛，提供资讯信息，力求给客户一个简洁舒适的快速阅读门户页面，交流板块提供了网友发布的信息，各板块围绕淘宝网开展，有购物攻略、防骗技巧、店铺促销等。

淘宝联盟，隶属于阿里巴巴集团旗下，是一个依托阿里巴巴集团强大的品牌号召力，汇聚了大量电子商务营销效果数据和经验的平台。淘宝联盟目前已经发展成为国内最大、最专业的电子商务营销联盟。

一、认识直通车

（一）搜索推广类

当客户在淘宝（天猫）各类搜索框中输入关键词，其对应的商品直通车推广图就会展现在相应的位置。搜索推广展位一般位于搜索结果页面的右侧和最下方。该类直通车可以帮助网店精准锁定潜在目标客户。如图5.1所示，在淘宝PC端首页输入"水杯"后，在搜索页面右侧出现的单品推广图（一般为16张）、最下方的"掌柜热卖"推广图（一般为5张）就是典型的直通车展位。

无线端与PC端有所不同，其中左上角或右下角带有"HOT""广告"等标签的推广图为直通车展位，如图5.2所示。

（二）定向推广类

这是指利用平台庞大的数据库，通过网页内容定向、人群行为习惯定向、人群基本属性定向等多维度定向技术，分析客户在各种浏览路径下的不同兴趣和需求，帮助

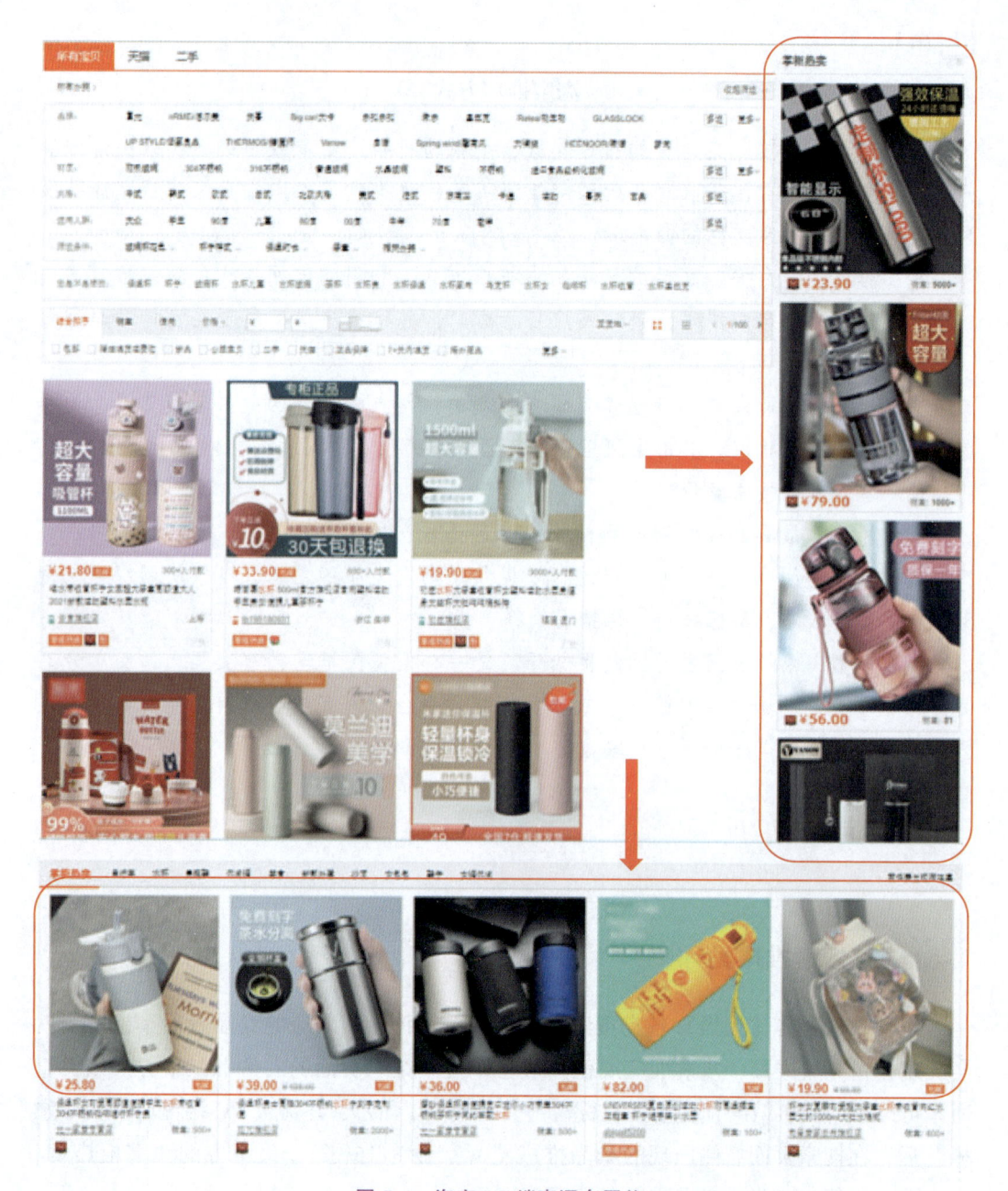

图 5.1 淘宝 PC 端直通车展位

网店锁定潜在目标客户，并将推广信息精准展现在目标客户浏览的网页上。该类展位包括"旺旺每日焦点"、"我的淘宝-已买到的宝贝-猜你喜欢"、不同收藏夹等页面。

如图 5.3（a）所示，为 PC 端"我的淘宝-已买到的宝贝-猜你喜欢"页面的直通车推广图（一般为 5×3，15 张）；如图 5.3（b）所示，无线端的直通车推广图也展现在类似位置。

项目五　网店推广视觉营销

图 5.2　淘宝无线端直通车展位

图 5.3　"我的淘宝"直通车展位

109

（a）

（b）

图 5.3 "我的淘宝"直通车展位（续）
(a) PC 端；(b) 无线端

二、直通车推广

直通车推广是网店经营者的核心推广工作之一，其基本操作流程可以概括为建立标准推广计划和新建宝贝推广两个阶段。

（一）标准推广计划

标准推广计划的基础工作是新建计划，如图 5.4（a）所示，需要完成推广计划名称、计划类型、状态等运营流程；示例计划是标准推广计划的重点工作，如图 5.4（b）所示，需要完成日限额、投放平台、投放时间、投放地域等流程的设置。

(a)

(b)

图 5.4　淘宝直通车标准推广计划

（a）新建计划；（b）示例计划

（二）宝贝推广

新建推广是新建宝贝推广的基础工作，如图 5.5（a）所示，需要完成宝贝推广创建、选择宝贝等 2 个运营流程；设置推广是新建宝贝推广的重点工作，如图 5.5（b）所示，需要完成推广目标、添加创意、买词及出价、添加精选人群等流程的设置。

111

(a)

(b)

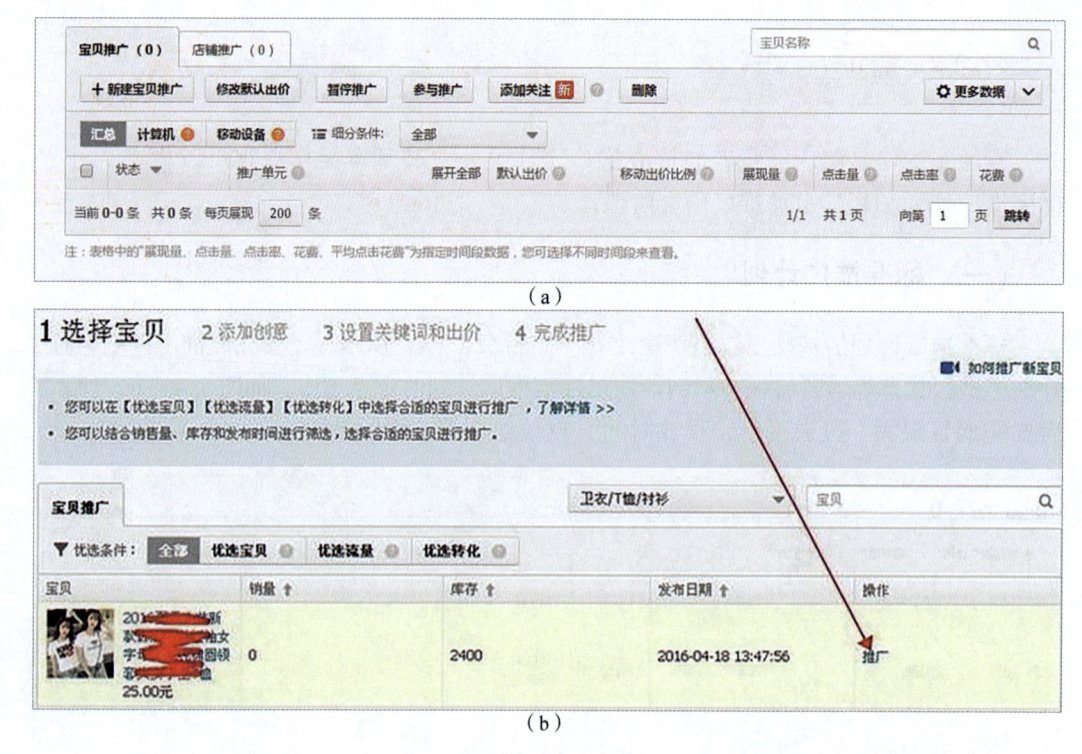

图 5.5 淘宝直通车宝贝推广
（a）新建推广；（b）设置推广

【引申】

直通车扣费原则

直通车是按照点击进行扣费的，只有当买家点击了网店的推广信息后才进行扣费，单次点击产生的费用不会大于网店设置的出价。实际扣费规则为：

下一名的出价×下一名的质量得分/本人的质量得分+0.01 元

从以上公式中可以看出，本人的质量得分将影响扣费。本人的质量得分越好，网店所需付出的费用越低。而本人的质量得分与关键词、宝贝信息、标题与图片、客户反馈、成交转化率等维度有着密切的关系。

三、直通车视觉营销设计

直通车推广图的来源主要有两种：一是宝贝主图；二是新建图片。后者一般建议尺寸为 500px×500px 以上。直通车推广图的视觉营销规律和设计技巧有以下几点值得关注。

车图设计

（一）主题设计

直通车的"宝贝推广目标"有三种，分别是日常销售、宝贝测款、自定义。这就为直通车推广图的推广主题拟定提供了依据，也是直通车视觉营销的基础工作。在此基础上，还必须充分考虑直通的页面类型。

具体而言就是，直通车宝贝详情页的推广图，一般以推广某类商品为主题（见图5.6）；直通车网店首页的推广图，一般着重推广品牌形象、某类商品等主题；直通车网店分类页的推广图，一般以推广组合或某类商品为主题；直通车网店自定义页的推广图，一般着重推广企业文化、品牌形象等主题。

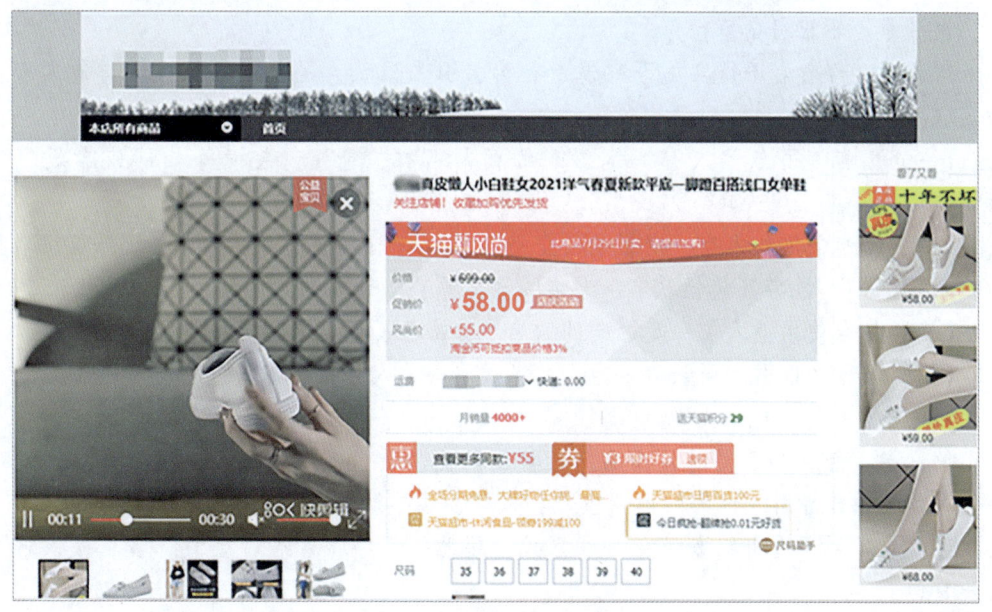

图5.6　淘宝直通车主题

（二）差异设计

众所周知，直通车推广图只有被客户点击才产生计费，也才能产生引流效果。换言之，没有获得点击的直通车推广图是没有存在意义的。所以，如何在同类直通车推广图中（尤其是搜索推广类）吸引目标客户注意以提高点击数是直通车视觉营销的核心工作。如图 5.7 所示，读者不妨思考：在这组直通车推广图中，哪些可以获得更多的客户点击呢？

图 5.7　淘宝直通车对比

直通车推广图的视觉设计必须在充分分析宝贝主图、竞争对手推广图共性规律的基础上，形成网店独有的差异化创意，才可能实现直通车的推广目标。

【引申】

《中华人民共和国反不正当竞争法》（节选）

第二章　不正当竞争行为

第六条　经营者不得实施下列混淆行为，引人误认为是他人商品或者与他人存在特定联系：

（一）擅自使用与他人有一定影响的商品名称、包装、装潢等相同或者近似的标识；

（二）擅自使用他人有一定影响的企业名称（包括简称、字号等）、社会组织名称（包括简称等）、姓名（包括笔名、艺名、译名等）；

（三）擅自使用他人有一定影响的域名主体部分、网站名称、网页等；

（四）其他足以引人误认为是他人商品或者与他人存在特定联系的混淆行为。

……

第八条　经营者不得对其商品的性能、功能、质量、销售状况、用户评价、曾获荣誉等作虚假或者引人误解的商业宣传，欺骗、误导消费者。

经营者不得通过组织虚假交易等方式，帮助其他经营者进行虚假或者引人误解的商业宣传。

……

第十条　经营者进行有奖销售不得存在下列情形：

（一）所设奖的种类、兑奖条件、奖金金额或者奖品等有奖销售信息不明确，影响兑奖；

（二）采用谎称有奖或者故意让内定人员中奖的欺骗方式进行有奖销售；

（三）抽奖式的有奖销售，最高奖的金额超过五万元。

第十一条　经营者不得编造、传播虚假信息或者误导性信息，损害竞争对手的商业信誉、商品声誉。

第十二条　经营者利用网络从事生产经营活动，应当遵守本法的各项规定。

经营者不得利用技术手段，通过影响用户选择或者其他方式，实施下列妨碍、破坏其他经营者合法提供的网络产品或者服务正常运行的行为：

（一）未经其他经营者同意，在其合法提供的网络产品或者服务中，插入链接、强制进行目标跳转；

（二）误导、欺骗、强迫用户修改、关闭、卸载其他经营者合法提供的网络产品或者服务；

（三）恶意对其他经营者合法提供的网络产品或者服务实施不兼容；

（四）其他妨碍、破坏其他经营者合法提供的网络产品或者服务正常运行的行为。

1. 构图方式巧妙合理

关于构图方式的类型，本书中已多次强调说明，在此不再赘述。直通车推广图的构图需要达到简洁、整齐、统一、巧妙等形式美原则。如图5.8所示，虽然是同类羽绒被套装的直通车推广图，中央式构图方式也相似，但是如图5.8（a）所示的构图效果较杂乱、设计感不佳，而如图5.8（b）所示的构图效果简洁、卖点突出、产品质感比较明显。

2. 创意表现规范新奇

独特、新奇、与众不同的创意才能抓住客户的目光，而当下大多数的直通车推广图过于千篇一律、缺乏创意。造成这种现象的原因是多方面的，既包括竞争惨烈、图片空间较小、直接采用宝贝主图等客观因素，也包括网店经营者意愿影响、视觉工作者设计能力欠缺等主观因素。在遵循电商平台规范建议基础上，如何最大化发挥创意效果，应当是电商视觉工作者孜孜追求的。

【引申】

直通车创意图片建议

可以到图片空间对宝贝主图进行优化，并从宝贝图片中任意选择一张作为创意图片。

图片里产品的面积占比至少为30%，同时文字/水印的数量尽量减少，不建议有边框。

创意标题建议突出宝贝的属性、功效、品质、信誉、价格优势等，同时也可以添加一些热门词。

建议对推广宝贝上传2张或者2张以上的与自然搜索不同的图片，以降低推广宝贝展现概率的损失。

| （a） | （b） |

图 5.8　羽绒被套装的直通车推广图
(a) 杂乱、设计感不佳；(b) 简洁、卖点突出

1）突出强调视觉中心

商品作为视觉主体是直通车推广图的普遍共识，但是作为视觉中心却是很多直通车难以实现的。如图 5.9 所示，2 张耳机直通车推广图都犯了同样的毛病：如图 5.9（a）所示展现的是耳机+耳机盒，耳机并没有成为视觉中心，目标客户很难从推广图中准确识别；如图 5.9（b）所示展现的是耳机盒+模特+文案，耳机这一视觉中心究竟在何处？

| （a） | （b） |

图 5.9　耳机盒直通车推广图
(a) 耳机+耳机盒；(b) 耳机盒+模特+文案

2）有机融合视觉要素

图像、色彩、文案三大视觉要素协调搭配，既是视觉设计的基本原理，也是直通

车推广图的根本要求。如图 5.10 所示 2 张均为女装直通车推广图，孰优孰劣，一目了然。必须引起重视的是，如图 5.10（b）这种生活照似的推广图却成为不少网店一贯的设计风格和方式。

（a） （b）

图 5.10　女装直通车推广图

（a）图像、色彩、文案协调搭配；（b）生活照风格推广图

3）合理运用创意技巧

刺激、对比、悬念、幽默、类似等是创意表现的常用技巧，如何合理运用才能使直通车推广图夺人眼球，绝不是三言两语就能说清的，读者不妨通过图 5.11 来体会创意的力量。如图 5.11（a）所示，推广主题与模特展示紧密契合；如图 5.11（b）所示，产品美化陈列、背景烘托产地。这些都是值得学习的创意方法。

（a） （b）

图 5.11　车图创意方式

（a）床品推广图；（b）黄芪推广图

（三）运营设计

众所周知，直通车推广图不是一成不变的，必须根据推广运营效果及时调整。展现量、点击量、点击率等是重要的参考数据指标，如图 5.12 所示。网店运营者必须时刻关注这些指标的变化（尤其是点击率的变化），及时与设计者沟通直通车推广图的主题、构图方式、视觉要素组合等来调整方案。

状态	创意	展现量	点击量	点击率
推广中	599.00元	7,091	41	0.58%
推广中	599.00元	10,245	32	0.31%

图 5.12　车图运营数据

任务二　钻展视觉营销设计

【导读】

超级钻展

2020 年上半年，钻展进行了全新版本升级，成为钻展 3.0：超级钻展，以适应品牌营销日益精细化的需要。与传统钻展相比，超级钻展在客群分层、投放方式、计算模式等方面重新进行了升级和优化，具有人群定位清晰、操作高效智能等更多的优点和优势。

超级钻展根据用户是否与网店主营类目发生关系、是否与商家发生过互动作为主要判断标准，区分出三个圈层人群，即兴趣人群、泛兴趣人群、未知人群。超级钻展通过后台提供的丰富报表和数据进行营销分析，有利于网店为不同的客户人群制定更加明确、清晰、差异化的营销策略。网店通过超级钻展在不同阶段运用不同圈层进行人群分类投放，既能维护好原有消费者，又能对不同层次消费客群进行引流、兼顾、控制与维护。

超级钻展以实时竞价为核心，每种流量被明码标价，通过兴趣点定向、访客定向和人群定向等技术，使流量与广告主进行有效匹配。网店只要提交需求，系统将智能化匹配到更精准的人群，在计划预算的范围内，根据营销目标进行智能出价，最大化提升网店投放的点击率和投资回报率。

> 电商视觉营销从业人员必须密切关注产业与行业发展动态，配合企业与岗位需求，与时俱进，加强学习，不断提高自身修养与能力。
>
> 作为普通公民，读者们也必须了解世情、国情、党情、民情，增强对党的创新理论的政治认同、思想认同、情感认同，坚定中国特色社会主义道路自信、理论自信、制度自信、文化自信。

钻展是"钻石展位"的简称，是淘宝网图片类广告位竞价投放平台，是店铺及产品精准展现、扩大流量的关键工具之一。网店经营者从后台设置相应的目标、计划、单元、创意等内容，按照展现扣费的原则，钻展推广图（俗称"钻图"）就可能出现在相应的资源位。网店通过钻展可以实现扩大曝光、提高转化率、维系客户忠诚等目标。

一、认识钻展

如图 5.13 所示，超级钻展与钻展 2.0 相比，资源位有了一些改变，如无线端由原来的横版改为竖版。超级钻展能为网店提供丰富的广告展位，方便网店在进行投放时根据产品属性的不同选择不同的资源位。超级钻展资源位大体可以分为优质类、自定义类两种类型。

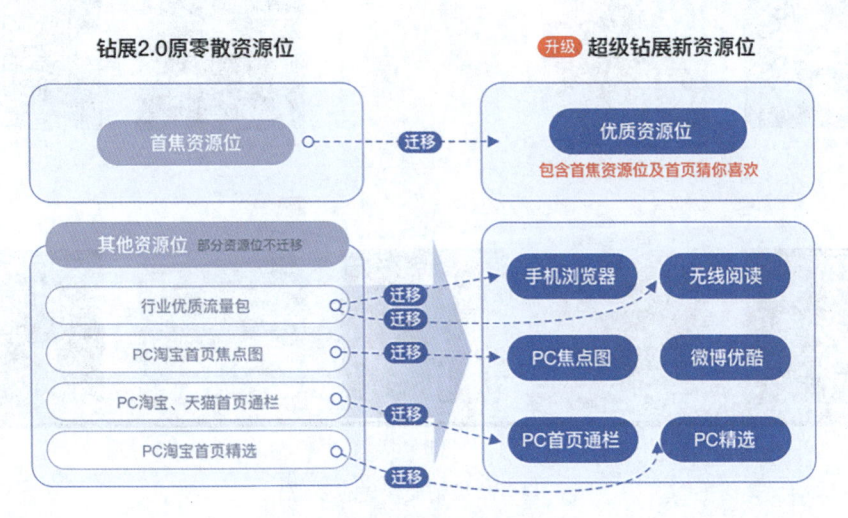

图 5.13 超级钻展与钻展 2.0 对比

（一）优质类

主要包括首焦［见图 5.14（a）］、首焦右 Banner、首页猜你喜欢［见图 5.14（b）］

等资源位。

（a）

（b）

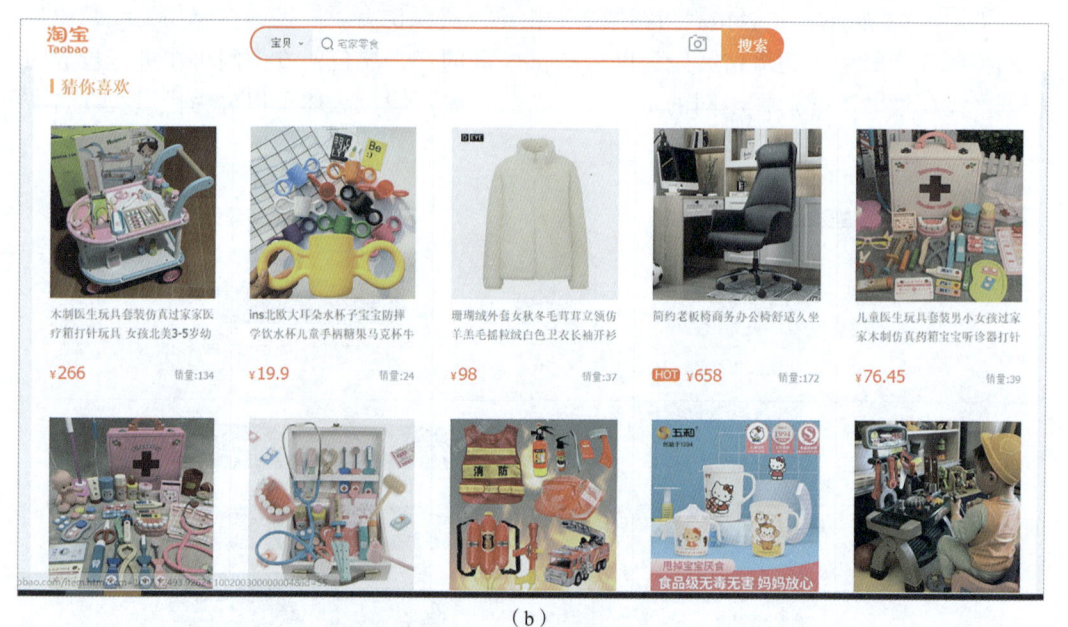

图 5.14 超级钻展优质类资源位

（a）首焦；（b）首页猜你喜欢

（二）自定义类

大致分为站内、站外两大资源位。其中，站内资源位主要有资源位、无线焦点图

（见图5.15）、PC精选、PC首页通栏等，站外资源位主要有微博、手机浏览器类、无线新闻阅读类、优酷等展位。

图5.15 超级钻展自定义类——无线焦点图资源位

二、钻展推广

超级钻展推广是网店经营者的核心推广工作之一，其基本操作流程可以概括为计划、定向、报表和创意四个阶段。

（一）计划阶段

这是超级钻展推广的基础阶段，可分为圈层投放、出价方式、营销目标等重要环节，如图5.16所示。

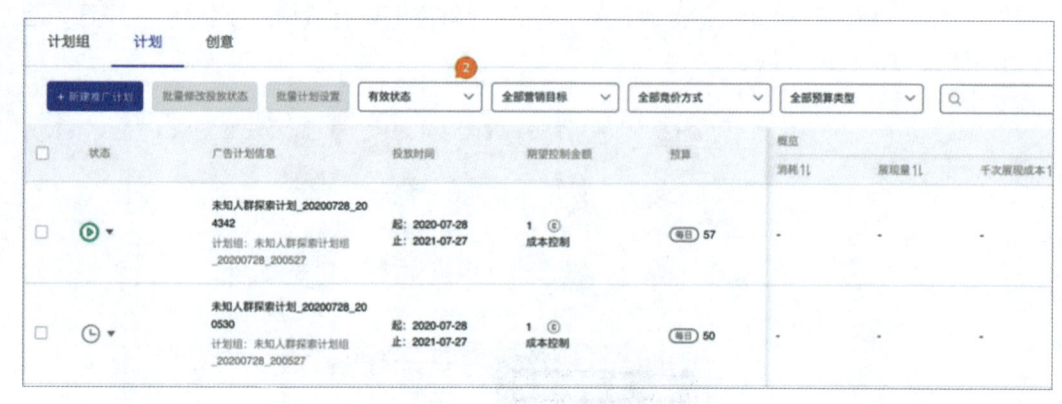

图5.16 超级钻展推广阶段

【引申】
超级钻展出价方式

超级钻展出价方式更智能，算法更强大。传统广告中出价是基于人群出价，而在超级钻展中针对的是每个PV层面去出价及分配，大大提高了效率。从系统优化空间大小的角度，三种出价方式排序为：预算控制>成本控制>出价控制。

预算控制：基于设置的营销目标，系统进行出价，帮助您竞得与设置的营销目标最匹配的人，出价上不做限制。在有限的预算下，最大化地选择营销目标。

成本控制：在预算控制的基础上，设置了成本阈值，保障成本可控。

出价控制：系统竞价优化空间最小，在设置的营销目标下，按照您设置的出价上下浮动去竞得流量。比如设置点击价格是2元/次，系统判定a用户为您的高价值用户，使用3元竞得，b用户为您的潜力用户，用1元竞得，整体成本控制在您设置的基准左右。

超级钻展采用OCPM竞价模式，帮助您完成最优流量竞得方案，在出价控制/成本控制计划投放前期会有超过设置成本值的情况，随着投放进行，成本会降低在您设置的成本值之下，前期超出部分，符合赔付条件的也将由成本保障机制进行赔付。

（二）定向阶段

这是超级钻展推广的关键阶段，包括AI优选、自定义人群两种重要的定向方式。其中，AI优选是系统将基于选择的不同圈层，为网店优选对应的优质人群，如图5.17所示；自定义人群既可以使用钻展平台常用的高效投放人群，也可以使用达摩盘丰富的定向能力以及再营销投放人群。

（三）报表阶段

超级钻展提供了实时（包括实时汇总数据、实时分计划数据等）和离线（包括账户整体报表、计划组报表、高级报表等）两类数据供网店参考。其中，实时汇总数据位于超级钻展首页下方，可查看单日投放数据、历史投放数据等，如图5.18所示。

图 5.17　超级钻展定向人群

图 5.18　超级钻展投放数据

（四）创意阶段

超级钻展为推广图提供了三种创意，即静态创意、视频创意、创意排行榜。其中，静态创意可分为模板创意、本地上传、智能化创意（见图 5.19）；视频创意一般不限格式及大小，播放速率接近自然轮播速率，文案可直接填在系统后台中；创意排行榜综合了 CTR、成交、曝光等数据，优选类目下优质创意，帮助网店在创意制作中寻找灵感。

三、钻展视觉营销设计

超级钻展推广图根据资源位按照比例进行了合并，就是说一个推广图创意可以适配不同资源位、不同尺寸、不同比例。如 PC 端首页资源位尺寸为 520px×280px，最低为 300px×250px，PC 小图横图比例为 6∶5，PC 大图横图比例为 13∶7；手淘首页竖版尺寸为 620px×200px，且禁止在遮盖区域内设计文案、人脸、色块等内容。如表 5.1 所示为超级钻展推广图尺寸示例（具体尺寸以平台要求为准）。钻展推广图的视觉营销规律和设计技巧有以下几点值得关注。

钻图设计

图 5.19 超级钻展智能化创意

表 5.1 超级钻展推广图尺寸示例

分类	资源位名称	创意比例	最小尺寸/px
站内	竖版钻石位（新版首页焦点展示位和动态信息流位）	17∶25	513×750
	无线焦点图	16∶5	1 120×350
	PC 精选	5∶3，6∶5，55∶13	250×150，300×250，220×52
	PC 焦点图	13∶7，59∶25，2∶5	520×280，1 180×500，160×200
	PC 首页通栏	18∶1，3∶1	1 188×66，375×125
站外	高德	17∶25，16∶5	513×750，1 120×350
	支付宝蚂蚁庄园	17∶25，16∶5	513×750，1 120×350
	手机浏览器类	5∶2	1 000×400
	优酷	25∶14	625×350
	今日头条等新闻类	15∶14，23∶13，5∶2，9∶13	750×694，690×388，1 000×400，540×900

（一）主题设计

以往，网店通过超级钻展投放广告的主要场景包含两种：一是推广店铺首页，即点击推广图可以落地为网店首页，以提升店铺整体转化效果；二是推广详情页，即点击推广图可以落地为单品详情页，以提升相应创意点击率。前者，推广图的主题通常设计为企业或产品的品牌、形象、文化，或者产品、促销信息等；后者，推广图的主题通常设计为产品或促销信息。

超级钻展全面升级了"店铺橱窗"推广功能，如图 5.20 所示，将两种常用场景有效结合，引流橱窗宝贝与落地页智能结合，实现所见即所得的效果，同时支持批量商品引流，提升整体投放效率，最后通过引流宝贝数据报表形成闭环，助力网店后续营销决策。具体来说，选中"店铺橱窗"，若推广图中有产品元素，即可在进入到网店首页或详情页时，出现旺铺组件，展示橱窗引流宝贝以及网店内相似宝贝推荐，如图 5.21 所示。至此，推广图主题也可以有机结合了。

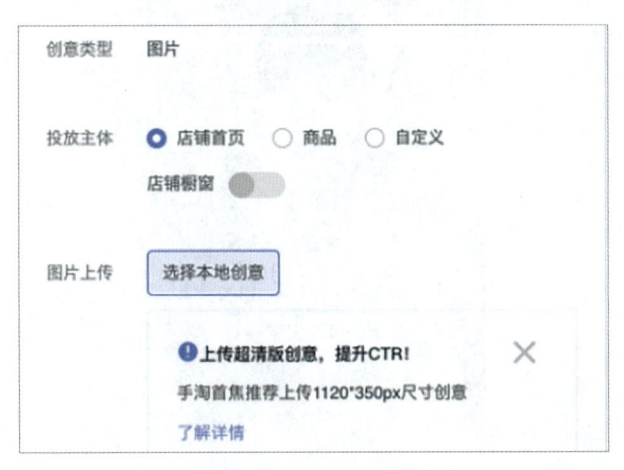

图 5.20 超级钻展"店铺橱窗"

图 5.21 超级钻展"店铺橱窗"引流

钻展推广图的主题必须突出，可以主打促销信息或者品牌形象，使目标顾客能看

出重点。在风格上要与网店风格相对应，尽可能符合产品或网店的主题。如图5.22所示为某童装品牌旗舰店的钻展推广图，图中商品为浅咖色，背景图也为浅色系列，与产品色系相吻合，凸显宝宝的天真可爱。同时，在制作钻展推广图时，可在页面上增加网店Logo、名称等信息。

图5.22 某童装品牌旗舰店的钻展推广图

（二）模板设计

钻展为网店提供了大量的智能化创意模板，从某种意义上来说，钻展推广图的设计创意会更加简单，关键是要学习各种规则和模板并灵活运用。

1. 横版设计

横版是钻展传统的创意形式，超级钻展也进行了升级，包括更换为圆角矩形，且左右宽度会进行小幅裁切；支持3倍超清图片，尺寸为1 120px×350px，大小不超过200 K即可（从150 K提升到200 K）；手淘的顶部栏修改为浅色，避免因颜色过于相近无法突出首焦区域的问题。如图5.23所示是超级钻展横版创意的错误示例。

横版创意有以下规则是值得注意的。

第一，背景设计不得太过复杂，建议使用能凸显整体气氛、不太过于华丽的元素，不得大面积使用黑色背景。

第二，构图设计必须突出卖点，信息不得太分散、文字/Logo不得太贴边；640px×200px左右两侧38px位置内勿出现文字、Logo、标题等关键信息，以免被局部遮挡；1 120px×350px左右两侧60px位置内勿出现文字、Logo、标题等关键信息，以免被局部遮挡。

第三，文字设计不超过三种，保持易读性；文字识别需清晰，不得有发光、浮雕、

图 5.23　超级钻展横版创意的错误示例

描边等粗糙效果；深色背景使用浅色文字，浅色背景使用深色文字。

第四，商品主体建议占图片 50% 以上，整体呈现饱满感觉，避免留白过多；图片清晰可读，避免模糊、边缘锯齿及像素杂点。

2. 竖版设计

竖版是超级钻展在手机端的重大升级，推广图的整体素材由店铺信息组件、标签组件、图片三部分内容组成，其创意基本规则如图 5.24 所示。

1）静态模板

该模板包括图文、行业场景、智能化、本地上传等几种操作方式，其中图文方式需要重点关注。这种方式包括图文-场景角标、图文-底部组件两种主要模板形式，具体又可分为榜单、大促倒计时、直播、会员等创意标签形式。需要注意的规则是：第一，两种模板在样式和尺寸方面存在一定的差异，如图 5.25 所示；第二，标签可以多选，但系统会根据目标客户与网店/单品的关系，以及产品/网店的状态进行优先级展示；第三，使用组件模板时，若所选标签均为靶中，则系统会自动使用默认标签进行拼接；第四，当所选标签均未靶中，场景角标模板不展示标签，底部组件模板展现"热卖立即抢购"等样式，且文案不可修改。

图 5.24　超级钻展竖版创意基本规则

图 5.24 超级钻展竖版创意规则（续）

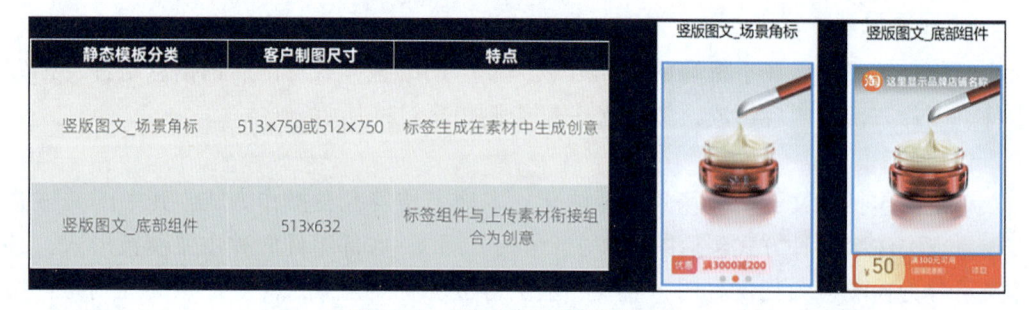

图 5.25 超级钻展模板形式对比

行业场景方式分为美妆、食品、服饰、家电、家具等热门行业，系统为每个行业均提供了多种模板进行制作，如图 5.26 所示。网店只需修改文案、产品等元素即可完成各种创意，且建议使用透明底，效果会更佳。

图 5.26 超级钻展行业场景模板

智能化方式为网店提供一键制作创意，解决了制作复杂的问题，可高效完成投放准备。若网店希望有具体商品，还可设置产品覆盖范围，一般不少于四个。

本地上传方式支持图片批量上传，但不支持标签、店铺信息组件上传。

2) 动态模板

视频模板的规则是：第一，视频封面的尺寸为 512px×750px，格式、大小不限，时长 3 秒，接近自然轮播的速率；第二，文案必须使用利益点、产品信息、促销活动等内容，支持系统组件填写或自定义添加。

系统提供了 7 种动效模板样式，如图 5.27 所示，具体规则是：第一，网店只需提供一张静态创意，在后台选择符合产品特性的组件就可以；第二，底部组件高度 180px，不能出现文案、关键信息与组件遮挡的问题。

图 5.27　超级钻展动效模板样式

（三）构图设计

钻展的构图效果相对而言比较简洁，要注意产品与文字的排版关系，也尽可能添加一些点击按钮以便吸引目标客户注意、获取点击。

第一，上下式、左右式是最常见的构图方式，如图 5.28（a）所示；

第二，文字可以作为一个整体放在产品的前方或后方，也可以作为浮层直接放产品上，如图 5.28（b）所示；

第三，产品小样类的排版方式可采取如图 5.28（c）所示的方式。

（四）创意设计

目标客户对商品的需求是商品本身及品类特征分析的基础和关键，如食物的好吃、健康，衣服的好看、保暖等都是这些商品值得关注的行业特征。优秀的钻展推广图只有诠释了高于行业平均水平、高于品牌自身平均水平的创意才是好创意。每个品类都有多个行业特征，一张钻展推广图既可以表现同一个行业特征，也可以是多个行业特征的主次叠加表现。产品、人物、氛围、色调、文案等是诠释行业特征的核心创意元素。

(a)

(b)

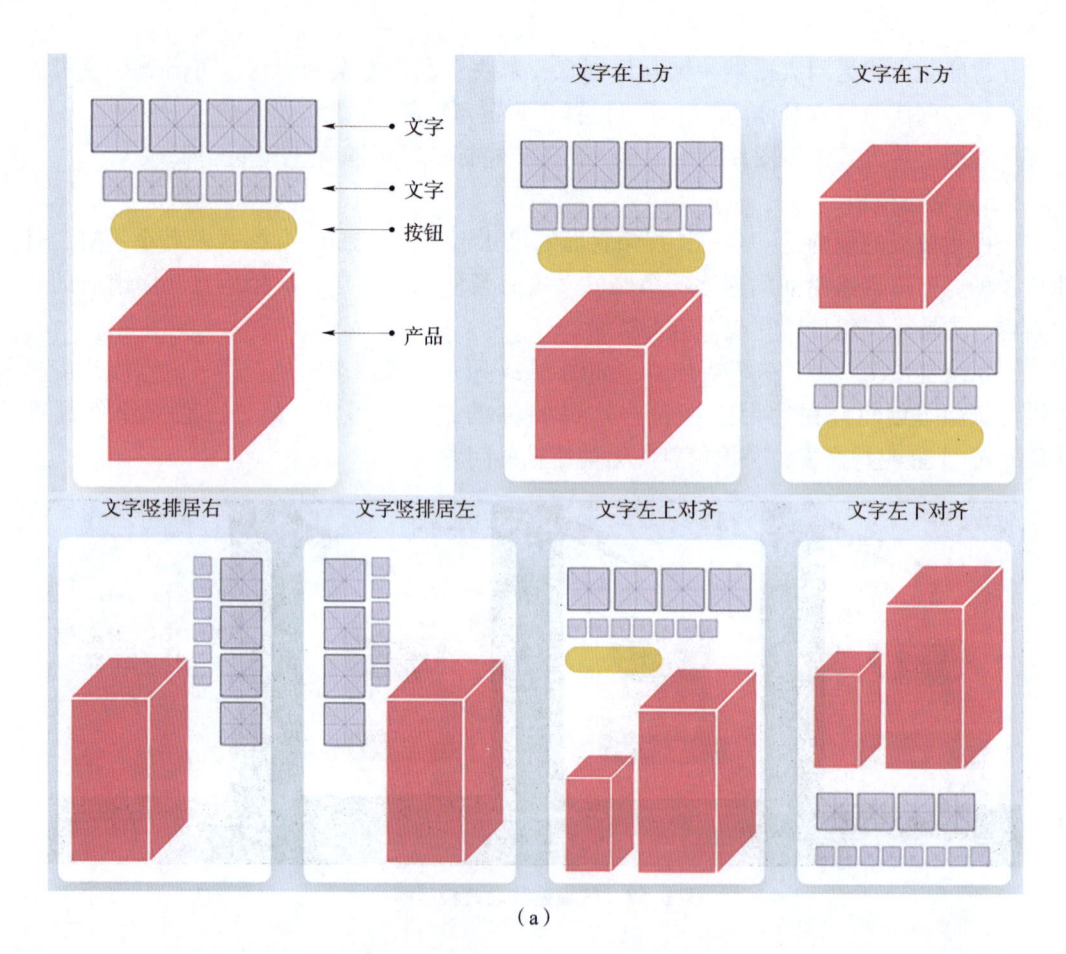

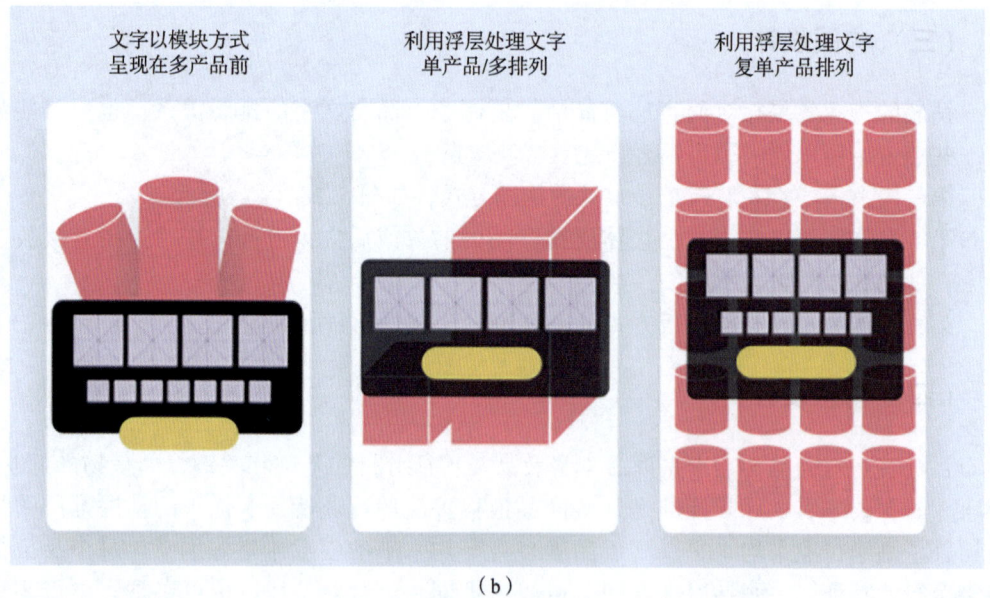

图 5.28 钻展构图方式

(a) 上下式和左右式；(b) 文字与产品的位置关系

(c)

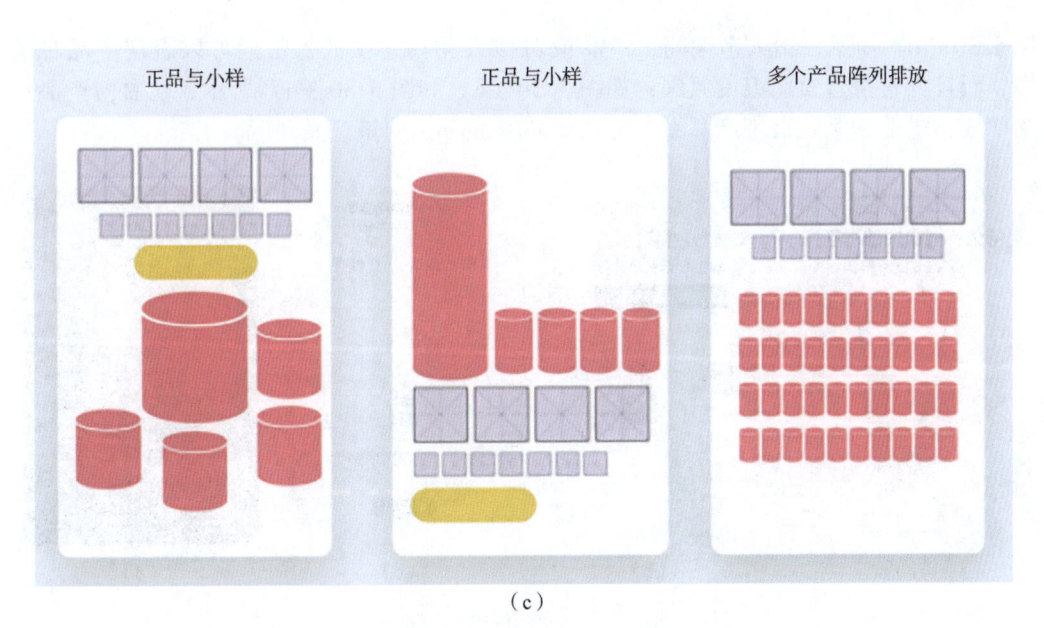

图 5.28　钻展构图方式（续）

(c) 产品小样类排版方式

1. 产品展示

钻展推广图创意比较简洁，产品及卖点展示并不是越多越好。如果产品过多，主推产品就会缩小而被忽略。如图 5.29 所示，某护眼平板钻展推广图的画面上只有一款主推产品，与护眼的主题理念非常吻合。如果产品过于杂乱，目标客户可能产生不适心理，对于产品的护眼功能认可度也可能大打折扣。

图 5.29　某护眼平板钻展推广图

另外，产品及包装的展现方式也是诠释创意的重要手段。如图 5.30（a）和

131

图 5.30（b）所示，情人节期间，产品成对拟人化动态摆放，不但可以表现产品种类多，而且非常符合整体浪漫氛围；如图 5.30（c）和图 5.30（d）所示，礼盒与产品错落摆放，既能饱满地展现产品，又能展现品牌 Logo、明星产品。

(a)　　　　　　　(b)　　　　　　　(c)　　　　　　　(d)

图 5.30　产品及包装展现方式
(a) 口红；(b) 彩妆；(c) 香氛；(d) 礼盒

2. 人物形象

众所周知，品牌代言人、带货明星、网红、模特等是典型的人物形象，在使用时需要注意：第一，必须得到人物授权或签订合同；第二，合理、谨慎使用"话题""热门"人物。如在情人节场景中，常见的创意往往会使用当红男明星，而不是普通女性形象；第三，产品是主体，人物形象是点缀、陪衬，必须巧妙利用，不能喧宾夺主。如图 5.31（a）所示为使用男明星展示产品的一些尝试方式。如图 5.31（b）所示为在食品行业中，为了衬托产品，人物需要与产品有互动，体现出产品很好吃，自己很喜欢的感觉；而如图 5.32（b）所示为在母婴亲子行业中，通常较多使用孕妇、儿童展示产品，其他品类则较多直接展现产品本身。

男明星手枕礼盒，深情凝视消费者，注意素材中需要出现产品 　　　礼盒与产品堆叠放在男明星的前方 　　　男明星手抱礼盒 　　　男明星手拿产品，放在靠近脸部位置，深情凝视消费者

(a)

图 5.31　钻展人物形象展示
(a) 男明星展示产品

(b)　　　　　　　　　　　　　　　　　　(c)

图 5.31　钻展人物形象展示（续）

(b) 人物与产品互动；(c) 孕妇、儿童展示产品

3. 氛围塑造

塑造网店及产品的热销氛围是钻展推广图创意的核心工作之一，产品、价格、折扣、饥饿营销、直播、图形、文字、自然场景等元素是塑造氛围的常用手段。如图 5.32（a）所示为利用丝带打造出产品的高端奢华感，也可以塑造甜美活泼感。如图 5.32（b）所示为在美妆行业中，使用自然环境氛围可增强产品的属性，例如防晒、天然、保湿等形象。

(a)　　　　　　　　　　　　　　　　　　(b)

图 5.32　钻展氛围塑造展示

(a) 利用丝带打造产品高端奢华；(b) 使用自然环境氛围增加产品属性

4. 色调搭配

众所周知，色调搭配一般不要超过 3 种，过多杂乱会引起视觉混乱，背景最好用白色或者素色等比较简单的色彩。另外，可以通过色系、饱和度、明暗度等渐变关系来区分主题、产品的重要层级，且在一张创意中可以叠加使用。如图 5.33 所示，在母

133

婴亲子行业中，产品所服务的对象年龄越小，整体色调会偏粉嫩且明度较高；年龄越大，则整体色调会偏饱和度高的鲜艳色。

图5.33 钻展色调搭配展示

5. 文案表达

表现主题的字体要与整体创意风格匹配，且一定要大，可以进行黄金分割和适当留白。如图5.34所示，通过合理的排版布局、字体错落、左右分割等方式，让目标客户比较清晰地看到促销信息，吸引点击，提高曝光量和销量。同时，字体不要超过3种，一般1~2种为佳。在某些情境和不影响辨识度的情况下，可采用小字号，显得更高端、更加精致。

图5.34 钻展字体搭配展示

项目五　网店推广视觉营销

　　文字信息表达明确，与图片创意相结合。在文案写作时，在分析目标客户需求和心理的基础上，运用符合场景的情绪渲染文案、配搭优惠信息是获取高曝光率、高点击率的文案创意秘诀。如图5.35所示的"邂逅潮流名品店，样样是精品"，文案简洁而不失雅致，潮流、精品的字样契合消费者的购物需求。

图 5.35　钻展文案搭配展示

项目小结

　　直通车是直接通向店铺页面的推广工具，是以图文结合的形式显示，以点击付费的方式，通过淘宝网、京东商城等平台及展位来精准推广的营销工具，是网店及产品引流的关键工具之一。直通车推广图的创意设计需要体现产品的特性、推广的具体情境，通过合理构图、突出主图、场景融合、创意文案、差异化、促销信息等角度去设计主图，吸引消费者。

　　钻展是"钻石展位"的简称，是淘宝网图片类广告位竞价投放平台，是店铺及产品精准展现、扩大流量的关键工具之一。超级钻展与传统钻展相比，具有更多的优点和优势。钻展推广图的创意设计必须在了解掌握资源位及模板规则的基础上，根据场景来设计主题、创意等。

项目测验

一、单选题

（1）淘宝直通车扣费影响因素中，最关键的是（　　）。

A. 本店出价　　　　　B. 下一名出价　　　　　C. 展位位置　　　　　D. 质量得分

(2) 淘宝直通车推广图（新建图）建议尺寸是（　　）。

A. 200px×200px　　　　　　　　　　B. 500px×500px

C. 700px×700px　　　　　　　　　　D. 800px×800px

(3) 淘宝直通车推广图设计的本质目标是（　　）。

A. 实现转化　　　B. 产生差异　　　C. 独特创意　　　D. 突出产品

(4) 淘宝钻展的扣费方式是（　　）。

A. CPM　　　　　　　　　　　　　B. CPC

C. 2种都可以　　　　　　　　　　　D. 2种都不可以

(5) 如图5.36所示的淘宝钻展创意的主题是（　　）。

图5.36　淘宝钻展

A. 促销活动　　　B. 推荐新品　　　C. 推广品牌　　　D. 产品卖点

(6) 如图5.37所示的淘宝钻展创意的优点不包括（　　）。

图5.37　淘宝钻展

A. 主题突出　　　　　　　　　　　B. 构图简洁

C. 色调统一　　　　　　　　　　　D. 文案新奇

二、多选题

(1) 淘宝直通车可以直通哪些店铺页面（　　）。

A. 首页　　　　　　　　　　　　　B. 分类页

C. 详情页　　　　　　　　　　　　D. 自定义页

(2) 以下关于淘宝直通车推广图设计的描述中，正确的是（　　）。

A. 图片只来源于宝贝主图

B. 产品面积占比至少达到30%

C. 文字、水印尽量减少

D. 至少上传3张与自然搜索不同的图片

(3) 如图 5.38 所示的淘宝直通车推广图存在哪些设计不足（　　）。

图 5.38　淘宝直通车推广图

A. 产品占比小　　　B. 背景复杂　　　C. 文字较多　　　D. 缺乏创意

(4) 以下哪些是淘宝店铺 DSR 的内容（　　）。

A. 宝贝与描述相符　　　　　　　　B. 卖家的服务态度
C. 物流服务的质量　　　　　　　　D. 店铺的钻冠等级

(5) 淘宝钻展的创意类型有哪些（　　）。

A. 图片　　　　B. Flash　　　　C. 文字链　　　　D. 视频

(6) 淘宝钻展创意要遵循哪些视觉规律（　　）。

A. 依据目标，强化主题　　　　　　B. 学习模板，参考优化
C. 创意醒目，引人注意　　　　　　D. 因位因人，提高流量

三、思考题

(1) 直通车的视觉营销规律有哪些？

(2) 钻展的视觉营销规律有哪些？

(3) 直通车和钻展在推广流程上有哪些异同？

(4) 如图 5.39 所示是某旗舰店商品，在"6·18"年中大促期间，需要如何调整消费者圈层投放策略？如何利用超级钻展完成销售目标？

图 5.39　某旗舰店商品

网店背景简介：

5月刚开不久，主营电动车/配件/交通工具，基础相对薄弱，权重不高。在售商品基本是标品产品，品类数量较少，行业同质化严重。客单价约1 900元，在同行业中相对较高。网店目标客户主要是25～35岁的蓝领、白领、教职工、公务员等。"6·18"年中大促期间，网店计划整体销售目标超200万元，超级钻展需要承担1/4的目标任务。

（摘自阿里妈妈—超级钻展—语雀知识库平台 www.yuque.com/xiaodawang/rnpq27/tit2w2）

项目实践

实践1　直通车推广图设计

一、实践操作

参考任意电商平台（淘宝）某类商品直通车（PC端、移动端均可），分析推广图的尺寸规格、构图布局、图文搭配、营销效果等方面的现状及问题，为某网店商品设计直通车推广图2张以上。

二、实践考核

本实践考核学生对于直通车推广图设计规律的掌握程度，以及设计效果、工作态度与效率等职业素养表现。实践考核标准如表5.2所示。

表5.2　实践考核标准

考核指标	考核内容	考核分值
设计规范	版式结构：图像格式、分辨率、尺寸等基本结构是否符合规范	20
设计效果	图片包含但不限于商品属性、特点、卖点等，设计美观、图文混排，有一定的逻辑性、冲击力	50
	与原推广图（或同类）的差别成效	20
职业素养	项目完成时间、工作态度等	10

实践2　钻展推广图设计

一、实践操作

参考任意电商平台（淘宝）钻展（PC端、移动端均可），分析推广图的尺寸规格、构图布局、图文搭配、营销效果等方面的现状及问题，为某网店商品设计钻展推广图2张以上。

二、实践考核

本实践考核学生对于钻展推广图设计规律的掌握程度，以及设计效果、工作态度与效率等职业素养表现。实践考核标准如表 5.3 所示。

表 5.3 实践考核标准

考核指标	考核内容	考核分值
设计规范	版式结构：图像格式、分辨率、尺寸等基本结构是否符合规范	20
设计效果	图片包含但不限于商品属性、特点、卖点等，设计美观、图文混排，有一定的逻辑性、冲击力	50
	与原推广图的差别成效	20
职业素养	项目完成时间、工作态度等	10

模块三

商品视觉营销

【模块导学】

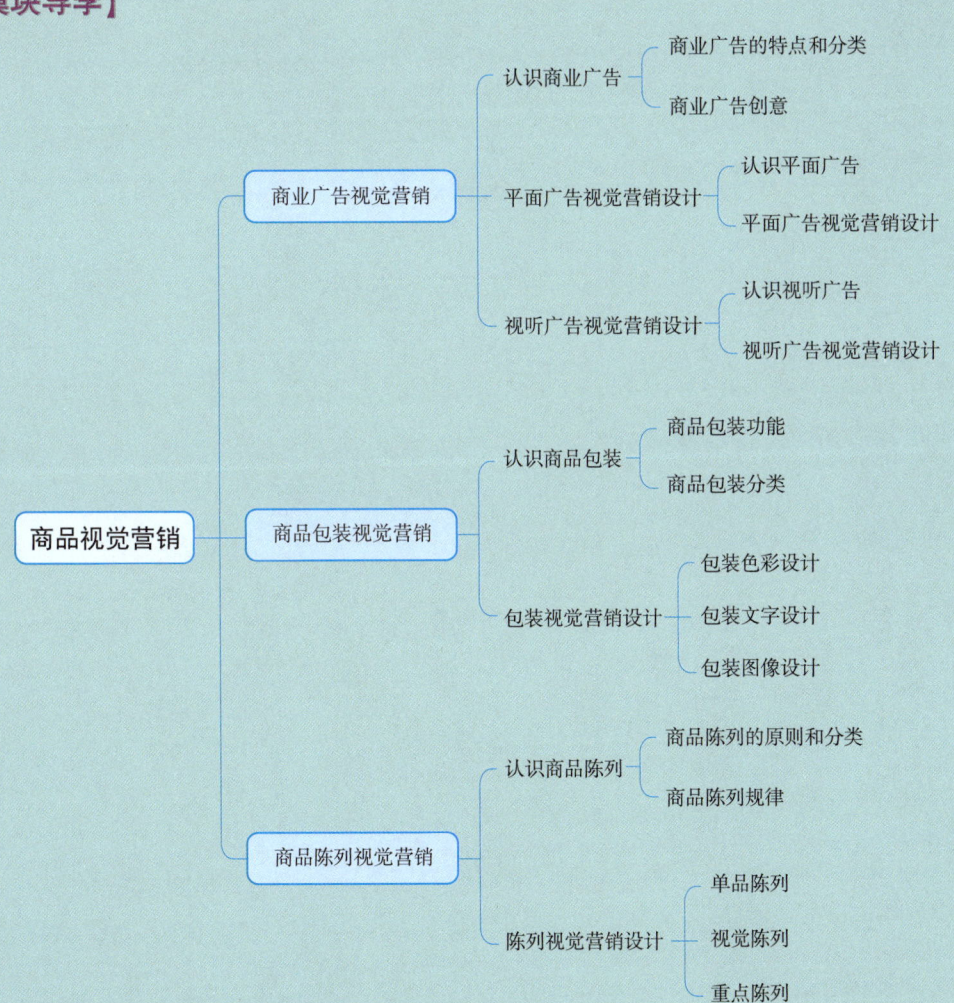

- 商品视觉营销
  - 商业广告视觉营销
    - 认识商业广告
      - 商业广告的特点和分类
      - 商业广告创意
    - 平面广告视觉营销设计
      - 认识平面广告
      - 平面广告视觉营销设计
    - 视听广告视觉营销设计
      - 认识视听广告
      - 视听广告视觉营销设计
  - 商品包装视觉营销
    - 认识商品包装
      - 商品包装功能
      - 商品包装分类
    - 包装视觉营销设计
      - 包装色彩设计
      - 包装文字设计
      - 包装图像设计
  - 商品陈列视觉营销
    - 认识商品陈列
      - 商品陈列的原则和分类
      - 商品陈列规律
    - 陈列视觉营销设计
      - 单品陈列
      - 视觉陈列
      - 重点陈列

项目六
商业广告视觉营销

【学习目标】

1. 知识目标

理解商业广告的法律定义、主要类型等基本原理，掌握商业广告的定位、创意，以及视觉技巧；理解平面广告的要素、标准等基本原理，掌握平面广告的视觉修辞技巧；理解视听广告的类别、要素、形式美等基本原理，掌握视听广告的蒙太奇、长镜头等设计手法。

2. 能力目标

能够运用商业广告传达的规律原理，合理地分析、创意、设计各种商业广告。

3. 素质目标

从事视觉设计岗位，培养高效的个人工作能力和团队合作精神，同时培养吃苦耐劳、敢于承担重任、勇于创新、大胆突破等商业工匠精神。

任务一　认识商业广告

【导读】

创意革命的旗手：威廉·伯恩巴克

威廉·伯恩巴克（William Bernbach，1911—1982），美国人，被誉为20世纪60年代美国广告"创意革命"的三大旗手之一，是广告文学派的代表，倡导广告创意的先锋。他创办的DDB广告公司（Doyle Dane Bernbach）是世界上最大的广告公司之一。如图6.1所示是威廉·伯恩巴克代表广告。

图6.1　威廉·伯恩巴克代表广告

伯恩巴克从小便接受过良好的文化熏陶，上大学时学的是文学，同时也保持着对艺术的浓厚兴趣，并在写作上开始显露才华。他一贯认为，广告上最重要的东西就是要有独创性和新奇性。在这一信念指引之下，他能在美国同时代的广告大师之中另辟蹊径，自成一家，常常拿出令人拍案叫绝的作品。"洞察人性之最，是成功传达者的高招所在。写作人所关心的是他用什么素材来写他的作品；读者所关心的，是他从阅读之中，得到什么素材。因此，广告人真正要看懂观众心理，了解他们怎样看、怎样听、怎样接收传播讯息。"

伯恩巴克认为广告无须过分地刻意与严谨，只要能使产品信息得到有效的传达，平凡亦是非凡。"花拳绣腿，为卖弄艺术而卖广告是最危险的事。因为你当初的出发点，只在于刻意制造分别……刻意制造比别人更佳、更可爱、更出众的广告。在你刻意求工地制作广告的背后,却忘了推销产品。"

(资料来源:威廉·伯恩巴克-MBA 智库百科 mbalib.com)

> 威廉·伯恩巴克的经历带给视觉设计人员的启发有以下三点:
> 第一,专注于工作、职业和事业,并做到极致。学习工作必须目标明确,并不懈为之努力。培养自己精益求精、严谨规范、勇于创新的工匠精神与职业素养。
> 第二,坚定专业自信、事业自信、道路自信、理论自信、文化自信,必须立足于本国本地区的文化进行视觉设计创作。
> 第三,广泛学习,培养多方面的兴趣,尤其必须学习中华优秀传统文化,理解中华优秀传统文化中讲仁爱、重民本、守诚信的思想精华和时代价值,传承中华文脉,使视觉设计富有中国心、饱含中国情、充满中国味。

一、商业广告的特点和分类

我国的广告法及相关产品的广告条例、规定中,对商业广告的概念、原则、构成要素等重要内容都做了明确解释,此处就不一一列举了。

广告代理

【引申】

《中华人民共和国广告法》(节选)

第二条 在中华人民共和国境内,商品经营者或者服务提供者通过一定媒介和形式直接或者间接地介绍自己所推销的商品或者服务的商业广告活动,适用本法。

本法所称广告主,是指为推销商品或者服务,自行或者委托他人设计、制作、发布广告的自然人、法人或者其他组织。

本法所称广告经营者,是指接受委托提供广告设计、制作、代理服务的自然人、法人或者其他组织。

本法所称广告发布者,是指为广告主或者广告主委托的广告经营者发布广告的自然人、法人或者其他组织。

本法所称广告代言人,是指广告主以外的,在广告中以自己的名义或者形象对商品、服务作推荐、证明的自然人、法人或者其他组织。

第三条 广告应当真实、合法,以健康的表现形式表达广告内容,符合社会主义精神文明建设和弘扬中华民族优秀传统文化的要求。

第四条 广告不得含有虚假或者引人误解的内容,不得欺骗、误导消费者。

广告主应当对广告内容的真实性负责。

第五条 广告主、广告经营者、广告发布者从事广告活动,应当遵守法律、法规,诚实信用,公平竞争。

（一）本质特点

广告不是广而告之，不是面向大众的一种传播艺术，其本质是商品信息达到受众群体的一个传播手段和技巧，所以广告的受众只能是小众，而不是绝大多数人。

1. 价值性

商业广告是需要付费的，其商业价值在于不仅对广告主有利，而且对目标受众也有好处，它可使用户和消费者得到有用的信息。

2. 传播性

广告是一种传播方式，是将某一项商品的信息由商品的生产或经营机构（广告主）传送给特定用户和消费者的形式。

3. 说服性

广告进行的有计划、连续的传播活动是带有说服性的，是有目的的行为，是为了使受众能接受商品或服务。

（二）分类形式

1. 以传播媒介来分类

以传播媒介来分类是最直接的分类形式，我国广告法中也是如此分类，一般可分为报纸广告、杂志广告、广播广告、电视广告，这四类也被称为传统四大传媒广告；还包括电影广告、网络广告、包装广告、招贴广告、POP广告、交通广告、交互广告等形式。

2. 以广告目的来分类

以广告目的来分类一般可分为：产品广告，即向消费者介绍产品的特征、直接推销产品，目的是打开销路、提高市场占有率的广告；品牌广告，即以树立产品或企业品牌形象，提高品牌市场占有率为直接目的的，突出传播品牌在消费者心目中位置的广告；观念广告，即不直接介绍产品，也不直接宣传企业信誉，而是通过提倡或灌输某种观念和意见，试图引导或转变受众的看法，影响其态度和行为的一种广告。

3. 其他分类方式

其他分类方式包括以受众为标准的消费者广告和企业广告，以传播范围为标准的国际性广告、全国性广告、地方性广告，等等。

二、商业广告创意

（一）本质原则

广告创意，简单来说就是广告的创意性思维和手法。从狭义上来看，就是广告作品的创意性思维；从广义上来看，是指广告活动中的创造性思维，包括战略、形象、战术以及媒体等方面的创造。

广告定位是广告创意的前提和本质。广告定位所要解决的是"做什么"，广告创意所要解决的是"怎么做"，只有弄明确做什么，才可能发挥好怎么做。一旦广告定位确定下来，怎样表现广告内容和广告风格才能够随后确定。

可以说，凡是能想出新点子、创造出新事物、发现新路子的思维都属于创新思维。在广告创意过程中必须运用创新思维。为此，应把握以下原则：

1. 冲击性原则

在令人眼花缭乱的广告中，要想迅速吸引人们的视线，在广告创意时就必须把提升视觉张力放在首位。

2. 新奇性原则

有了新奇，才能使广告作品波澜起伏、奇峰突起、引人入胜；有了新奇，才能使广告主题得到深化、升华；有了新奇，才能使广告创意远离自然主义向更高的境界飞翔。

3. 包蕴性原则

吸引人们眼球的是形式，打动人心的是内容。独特醒目的形式必须蕴含耐人思索的深邃内容，才能拥有吸引人一看再看的魅力。这就要求广告创意不能仅停留在表层，而要使"本质"通过"表象"显现出来，这样才能有效地挖掘受众内心深处的渴望。

4. 渗透性原则

人最美好的感觉就是感动。感人心者，莫过于情。受众情感的变化必定会引起态度的变化，就好比方向盘一拐，汽车就得跟着拐。

5. 简单性原则

一些揭示自然界普遍规律的表达方式都是异乎寻常的简单。简单的本质是精练化。广告创意的简单，除了从思想上提炼，还可以从形式上提纯。简单明了决不等于无须构思的粗制滥造，构思精巧也决不意味着高深莫测。平中见奇，意料之外，情理之中往往是传媒广告人在创意时渴求的目标。

（二）创意方法

广告创意的方法有很多，从创意对象的角度来看，大体可以分为抽象创意和形象创意。前者是指通过抽象概念的创造性重新组合以表现广告内容，就是要花很多的笔墨去反映一些主观的、理智的、精神的主题；后者是通过具体形象创造性的重新组合以表现广告内容，能直观形象地展示，使人一目了然，也比较常见。如图 6.2 所示的某汽车广告就是如此。但是，一定要避免在采用形象时过于简单化或过于形象化，而使受众产生反感。

从创意内容的角度来说，大体可以分为商品型创意、品牌型创意，以及观念型创

图 6.2　某汽车广告

意，如前文所述。其中，商品型创意是最重要的创意形式，常见方法包括以下几种。

1. 比较型创意

以直接的方式将自己的品牌产品与同类产品进行优劣的比较，从而引起消费者注意和认牌选购。在进行比较时，所比较的内容最好是消费者所关心的，而且要在相同的基础或条件下进行比较。这样才能更容易地激起受众的注意和认同。值得注意的是，广告创意要遵从有关法律法规以及行业规章，要有一定的社会责任感和社会道德意识，避免给人以不正当竞争之嫌。

2. 故事型创意

借助生活、传说、神话等故事内容的展开，在其中贯穿有关品牌产品的特征或信息，借以加深受众的印象。由于故事本身就具有自我说明的特性，因此易于让受众了解，并使受众与广告内容发生连带关系。在采用这种类型的广告创意时，对于人物择定、事件起始、情节跌宕都要做全面的统筹，以便在短暂的时间里和特定的故事中，宣传出有效的广告主题。

3. 证言型创意

主要援引有关专家、学者或名人、权威人士的证言来证明商品的特点、功能以及其他事实，以此来产生权威效应。在许多国家对于证言型广告都有严格限制，以防止虚假证言对消费者的误导。其一，权威人士的证言必须真实，必须建立在严格的科学研究基础之上；其二，社会大众的证言，必须基于自己的客观实践和经验，不能想当然和妄加评价。

4. 夸张型创意

基于客观真实的基础，对商品或服务的特征加以合情合理的渲染，以达到突出商品或服务本质与特征的目的。采用夸张型的手法，不仅可以吸引受众的注意，还可以取得较好的艺术效果。

5. 幽默型创意

采用这种广告创意要注意，语言应该是健康的、愉悦的、机智的和含蓄的，切忌使用粗俗的、生厌的、油滑的和尖酸的语言。要以高雅风趣表现广告主题，而不是一般的俏皮话和要贫嘴。

6. 悬念型创意

以悬疑的手法或猜谜的方式调动和刺激受众的心理活动，使其产生疑惑、紧张、渴望、揣测、担忧、期待、欢乐等一系列心理，并持续和延伸，以达到解释疑团而寻根究底的效果。

7. 联想型创意

由一事物的经验引起回忆另一看似不相关联的事物经验的过程。其途径多种多样：可以是在时间或空间上接近的事物之间产生联想；在性质上或特点上相反的事物之间产生联想；在形状或内容上相似的事物之间产生联想；在逻辑上有某种因果关系的事物之间产生联想。

另外，品牌形象创意论是大卫·奥格威在20世纪60年代中期提出的创意观念。品牌形象论是广告创意策略理论中的一个重要流派。在此策略理论影响下，出现了大量优秀的、成功的广告。该理论认为，品牌形象不是产品固有的，而是消费者联系产品的质量、价格、历史等形成的，每一则广告都应是对构成整个品牌的长期投资。因此每一品牌、每一产品都应发展和投射一个形象。形象经由各种不同推广技术，特别是广告，传达给顾客及潜在顾客。消费者购买的不只是产品，还购买承诺的物质和心理的利益。

任务二　平面广告视觉营销设计

【导读】

创意革命的旗手：李奥·贝纳

李奥·贝纳（Leo Burnett，1891—1971），美国20世纪60年代广告创作革命的代表人物之一，被誉为"创意革命"的三大旗手之一，被时代杂志评选为20世纪100位最有影响力的人物之一。

他创办的李奥贝纳广告公司是目前世界上最大的广告公司之一，2002年被世界第四大传媒集团阳狮国际收购。李奥·贝纳创作了许多著名的广告，"绿巨人乔利""老虎托尼""狮子胡伯特""金枪鱼查理"等成就了许多著名的品牌，最著名的要数万宝路香烟广告——西部牛仔。如图6.3所示是李奥·贝纳代表广告。

李奥·贝纳对广告创作过程的看法可总结为三条：第一，每一样产品本身都具有它与生俱来带有戏剧性意味的故事，我们的第一件工作是去发掘它，并用它来赚钱；第二，当你想摘星星，你不见得可以拿到一个，但也不致抓到一手的泥巴；第三，将你

自己埋入那个主题,工作像个疯子,喜欢、尊重并服从你的灵感。

图 6.3　李奥·贝纳代表广告

(资料来源:李奥·贝纳-MBA 智库百科 mbalib.com)

> 李奥·贝纳的经历带给视觉设计人员的启发有以下两点:
> 第一,专注于工作、职业和事业,把之做到极致。学习工作必须目标明确,并不懈为之努力。培养自己精益求精、严谨规范、勇于创新的工匠精神与职业素养。
> 第二,坚定专业自信、事业自信、道路自信、理论自信、文化自信,必须立足于本国本地区的文化进行视觉设计创作。

一、认识平面广告

平面广告因为传达的信息简洁明了,能瞬间抓住人心,从而成为广告的主要表现

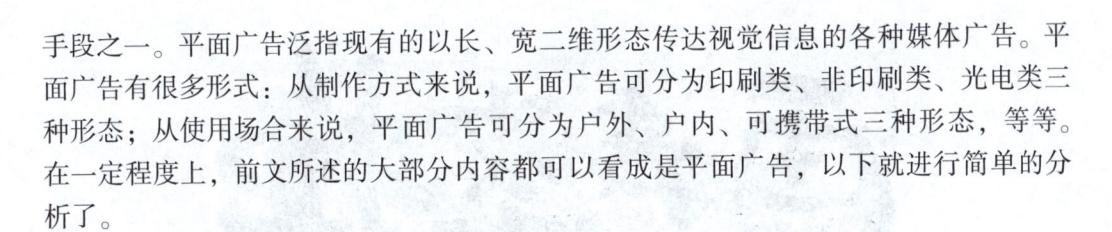

手段之一。平面广告泛指现有的以长、宽二维形态传达视觉信息的各种媒体广告。平面广告有很多形式：从制作方式来说，平面广告可分为印刷类、非印刷类、光电类三种形态；从使用场合来说，平面广告可分为户外、户内、可携带式三种形态，等等。在一定程度上，前文所述的大部分内容都可以看成是平面广告，以下就进行简单的分析了。

（一）基本要素

1. 图形

这是平面广告中最为常见的表现要素之一，同时也是凸显广告设计者设计理念的关键途径和方式，本质上属于设计者对于平面广告的认识及情感表达。受众通过对图形信息的阅读可以进一步理解广告内容，进而对平面广告所介绍的内容产生兴趣。

在应用图形要素时，首先需要使用动态的敏感性图形来表达平面广告的视觉冲击力，因为动态图形最容易吸引受众的注意。其次，设计人员需要合理使用体量感理念，在确保平面广告整体不受影响，保持完整性的基础上，对平面广告的局部进行放大处理，从而达到突出、强化的视觉冲击效果。

2. 色彩

平面广告需要根据宣传内容、广告创意及整体构图来合理使用色彩表现广告主题。色彩的选择需要建立在客户要求及表现对象基本特征的基础上，并适当搭配图形与文字，巧妙使用对比、夸张等表现手法，从而强化平面效果，对受众形成吸引力。不同的色彩搭配可以营造出不同的视觉效果，如暖色系的色彩可以塑造出温暖、温馨的效果；明亮系的色彩则可以打造青春、欢快的视觉效果。

3. 文字

文字是传达广告基本信息的关键所在。文字本身就具备表现意义，且设计者可以将文字加工成特殊的艺术图像，从而达到双重的视觉冲击。在具体设计的过程中，首先，需要从平面广告整体角度出发，严格控制文字的大小、色彩及形状，且要坚持主次分明的基本原则，有目的地突出重点，让受众接触关键的广告信息。其次，设计人员需要对文字进行适当的修饰，达到美化效果，进而强化文字要素的感染力和表现力。如图 6.4 所示的公益广告中，主体部分就是文字的修饰。

4. 构成

平面广告构成的思维是将以上诸元素编排、规划、组合为一个整体。好的构成是一座以形达意、以状表味的桥，这种形式与内涵的沟通和联结，目的是揭示主题和传达思想。比如一行标题文字的编排，以正常字距纵向置于画面正中，可被视为整体的形以中轴式的构图分割画面，但如拉开字距再以渐变的字号同样纵向分布，每个字即可感受单独的形。

平面广告有一些常用构成模式，如标准型、中轴型、偏心型、自由型、文字式、全图式、指示式、散点式等。这些类型与模式各有特点与特征，也有其各自的优势与

图 6.4　文字广告

不足,关键在于要理解内涵与适应方式,结合广告的主题诉求、信息承载、产品特性、目标对象、媒体特征等相关因素综合考虑,才会有正确选择。

(二)重要标准

1. 冲击力

一则成功的平面广告在画面上必须有非常强的吸引力,广告画面与诉求内容必须紧密有机地结合在一起,包括色彩的运用搭配、图片的表现组合,但要避免滥用视觉冲击力来吸引受众的注意力。比如标题是获取受众注意力并传递利益信息的关键武器,简单清晰的标题能让受众迅速理解和明白,隐晦的标题将会失去大量受众的注意,没有标题的广告直接影响其回忆率和说服力。

2. 信息

成功的平面广告必须通过清晰明了的信息内容准确传递产品要点。广告信息内容要能够系统化地融合消费者的需求点、利益点和支持点等沟通要素。当受众需要花很多精力去弄明白广告到底在讲些什么的时候,则该广告会失去很多的受众;当广告堆积多余的内容让受众分心时,则不要指望受众会主动发掘产品的功效,因为他们不习惯作太多额外的思考。比如广告正文应该通篇明晰易读,篇幅过于紧凑和难以阅读的正文都将失去大量的受众;幽默的表达方式可以增强广告的新鲜感和娱乐性,但不能滥用,更不能作为平面广告的创作目标。

3. 形象

成功的平面广告画面应该符合稳定、统一的个性。在同一宣传主题下面的不同广告版本,其创作表现的风格和整体表现应该能够保持一致性和连贯性。平面广告创作应该站在广大受众的角度，了解他们的真实感受，回归原点进行分析。少数人的喜爱或创意花费的多少绝不可以用来作为评估平面广告成功的标准，一则广告即使从专业的角度看可能是完美的，但对于受众来说未必能够接受和理解。如图 6.5 所示的某汽车广告中，主要运用了动物的形象来渲染视觉效果。

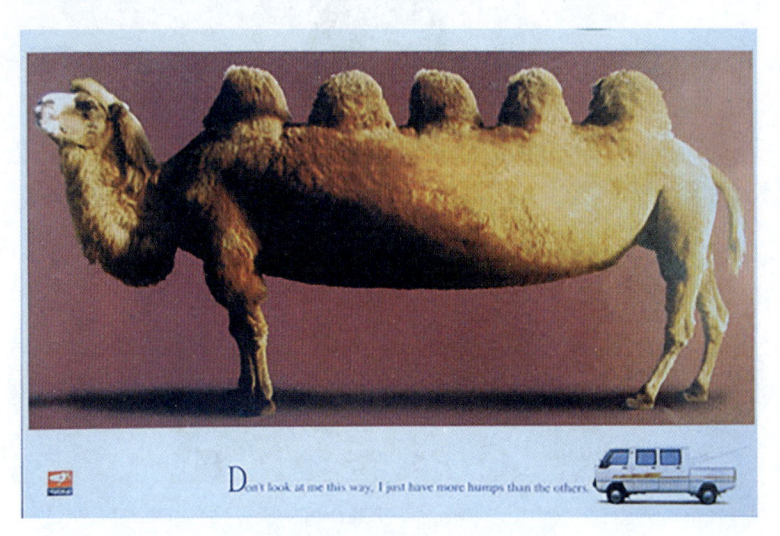

图 6.5　形象广告

二、平面广告视觉营销设计

一幅优秀的平面广告设计应充满时代意识的新奇感，并具有设计上独特的表现手法和感情。通过巧妙运用图像语言，以实现陈述劝说表达效果的视觉设计技巧，已成为重要的平面广告"修辞"手法。

（一）比喻

著名文学理论家乔纳森·卡勒对比喻的定义是："比喻是认知的一种基本方式，通过把一种事物看成另一种事物而认识了它。"在视觉语言中，比喻表现为抓住两种形象的相似点，将一种事物摹画为另一种事物。相较于语言学中的比喻，视觉语言中的比喻没有喻词，因此我们可以通俗地理解为视觉比喻中没有明喻，都应当归为隐喻。

隐喻最核心的特征是"精简"，这是其他表现形式所不能及的优势。隐喻中喻体会更具体，更生动，因此更容易被观众熟知和接受。当设计师使用一些新颖奇特、出乎意料的隐喻手法时，他的表达更容易被观众理解，因此更能够凸显某些事物的特征，加深受众的印象，使得想要表达的信息在受众的脑海里停留的时间更长。在平面广告图像中，本体主要是广告想要传递的核心卖点，而喻体则往往使用符号的象征意。用比喻来描绘事物的特征，可使抽象的形象具体可感、记忆鲜明，使深奥的道理浅显易懂、便于理解。读者们，能看出如图 6.6 所示的平面广告中运用了什么比喻技巧吗？

图 6.6　比喻广告

（二）比拟

在平面广告图像中，拟人的创作手法广泛存在，通常表现为把人的特点转移至物上，突出物所具有的人格化特征，从而把物描写得更加生动、具体、形象。如图 6.7 所示的某品牌耳机广告中，用比拟设计出"蝶飞花舞"的逼真画面，用比喻阐释耳朵对耳机的喜爱，简单易懂，极好地传达了广告的主题。另外，拟物可以把人当成物来描绘，使人具有物的一些特征，或者把甲物当成乙物来写，使甲物具有乙物的一些特征。

图 6.7　比拟广告

（三）夸张

夸张是有意对事物的形象、特征、作用、程度等进行扩大或缩小，目的是把事物的本质更好地体现出来。在视觉语言中，夸张往往在客观现实的基础上放大或者缩小事物的形象特征，使图像效果有别于现实经验。广告图像中的夸张主要是为了营造新颖出奇的视觉效果而放大或缩小要突出或强调的部分。如图6.8所示，这是一则洗洁精广告，设计师以清洗过的盘子作为模特的衣服，干净到可以穿出门，以此来突出产品的清洁能力强大。

图 6.8　夸张广告

（四）对比

把两个相反、相对的事物或同一事物相反、相对的两个方面放在一起，用比较的方法加以描述或说明，这种修辞手法叫对比，也叫对照。运用对比，能把相互对立的事物或事物的对立面揭示出来，如好同坏、善同恶、美同丑等，从而使好的显得更好，坏的显得更坏。在视觉语言中，经常使用对比修辞手法，常见的是将两种产品进行对比，或对产品使用前后进行对比。通过比较，更鲜明强烈地表达广告主题，强调产品功能，增强广告效果。如图6.9所示的广告中，将地球缩小至一个网球大小，把人类所使用的叉子筷子等餐饮工具放大，同时使用了夸张和对比两种视觉修辞，用以体现人类对地球植被的快速破坏，突出倡导环保的核心主题。

图 6.9　对比广告

（五）借代

借代是不直接说出所要表达的人或事物，而借用与之密切相关的人或事物来"代"的修辞方式。借代包含本体和借体两部分，在使用借代时，本体不出现，用借体来代替。在视觉语言中，借代同样表现为不直接表现所要表现的事物，而是借用与之有密切关系的事物来代替的修辞现象。借代的表现形式有很多，在广告图像中较为常用的是部分代整体，特征代本体，具体代抽象。在视觉语言中使用借代，可以使画面拥有形象突出、特点鲜明、具体生动的效果。如图 6.10 所示的某越野汽车广告中，没有出现汽车的形象，而是巧妙运用墙上的支点和汽车钥匙来表现该越野汽车的性能。

（六）示现

示现就是把实际上没有看见听见的事物，说得活灵活现，如同看见听见一样。语言修辞中的示现分为追想式示现、预感式示现和悬想式示现三种。简单地讲，就是利用想象力，将过去、未来或想象中不可见不能闻的场景具体呈现出来，增加描述的画面感。在视觉语言中，可以根据丰富的想象和大胆的联想，以画面的形式将所想之物、之情、之境呈现出来，以新奇有趣的表现形式引发观者心中的共鸣，提升广告的记忆率。读者们，能看明白如图 6.11 所示广告的示现手法吗？

项目六　商业广告视觉营销

图 6.10　借代广告

图 6.11　示现广告

任务三　视听广告视觉营销设计

【导读】

通才杂学的广告大师：詹姆斯·韦伯·扬

詹姆斯·韦伯·扬（James Webb Young，1886—1973），广告创意魔岛理论的集大成者，被认为是美国广告界的教务长。他的广告生涯长达60余年，其本身几乎就是美

157

国广告史的缩影。曾任智威汤逊广告公司资深顾问及总监,晚年致力于广告教育工作及著述,代表作有《生产意念的技巧》《如何成为广告人》《广告人日记》等。如图 6.12 所示是詹姆斯·韦伯·扬代表广告。

图 6.12 詹姆斯·韦伯·扬代表广告

詹姆斯·韦伯·扬在他的广告哲学中提醒人们,在处理任何广告工作时,最好先看清工作的大画面,然后小心掌握及控制以下整套广告过程的每项元素:提案知识、市场知识、讯息知识、讯息传播知识、销售途径、广告技巧、特定环境。他认为,有效的广告,来来去去,离不开以下几点:家喻户晓、耳提面命、推陈出新、超越阻碍、以"感"动人。

(资料来源:詹姆斯·韦伯·扬-MBA 智库百科 mbalib.com)

詹姆斯·韦伯·扬的经历带给视觉设计人员的启发有以下三点:

第一,广泛学习各种知识,充分了解世情、国情、党情、民情,了解中国特色社会主义新时代特征,视觉设计必须在时代背景中汲取营养。

第二,专注于工作、职业和事业,把之做到极致。学习工作必须目标明确,并不懈为之努力。培养自己博学名思、精益求精、严谨规范、勇于创新的工匠精神与职业素养。

第三,坚定专业自信、事业自信、道路自信、理论自信、文化自信,必须立足于本国本地区的文化进行视觉设计创作。

一、认识视听广告

（一）内涵概述

1. 概念类型

视听广告是指通过电视、电影、视频网站及互联网自媒体等平台进行传播的广告形式，主要用于企业形象宣传和产品推广等，非常受人们和社会的关注。相对于平面广告，其最大的特点在于巧妙地借助电影早先探索出来的成熟完备的视听语言，有效地实现视听合一的传播。而镜头的剪辑又成为视听广告视听语言的关键性因素，不同的画面衔接使得短短的几十秒甚至几秒的广告形成强大的画面冲击力，影响和调动受众对广告内容的关注。

视听广告的类型非常多，大致分为商业、公益、节目三种。商业广告指的是广告商自行向播出平台提供自己已经制作完成的广告片，通过付费指定时间进行播放；公益广告指的是不以营利为目的而为社会提供免费服务的广告活动。公益性的广告活动对全社会进行道德和思想教育发挥了重要作用，例如有关部门进行的防火防盗、保护森林、维护公共秩序、不要随地吐痰等广告宣传，均属公益广告；节目广告指的是各类电视网络节目的预告、宣传广告、栏目片头等。

2. 特点作用

视听广告以具有艺术性的视听语言为表现手段，为品牌传递信息、扩大知名度、树立品牌，用具有逼真性、动态性的方式将富有美感的情景呈现在观众面前，引起观众注意并记住广告内容，希望大众在现实购买中面对商品高度同质化时，选择广告中的品牌，从而追求商业利益的最大化。

视听广告是为了满足观众高层次的精神方面的需求，陶冶人的情操，培养人的品德，使观众通过视听语言获取美好、舒适、愉快的情绪。精神需求与情感体验是密不可分的，冷冰冰或者重复性的内容是没有办法真正地打动人心的。视听广告的最终目的就是通过视听语言的创作达到情感上的共鸣，从而激发购买的欲望。如图 6.13 所示的某品牌洗衣粉影视广告中，年轻的妈妈失业了，一个人到处找工作，小女孩为了帮助妈妈减轻负担，主动承担起了洗衣服的任务，小女孩的独白是："妈妈说，雕牌洗衣粉只要一点就能洗好多衣服，可省钱了。"这一影视广告在播放时，社会上正面临的是下岗现象，一下子就引起了观众内心的共鸣，因此得到了很多人的认可。

视听广告在表现形式上有很多的艺术特点，通过影视艺术形象的方法，使商品更加有感染力。视听广告的本身也是商品信息的传递，但在表现上却和别的形式有所不同，蕴含非常丰富的想象力和艺术特质。视听广告不仅冲击力强，覆盖面大而广，而且能够非常成功地展示出商品的特点和理念，同时在传达信息的时候还存在很强的娱乐成分和观赏性。

图 6.13 视听广告

（二）视听要素

视听广告的要素包括视觉语言和听觉语言两种，是指通过视听刺激的方式向人们传播信息的一种艺术语言。

1. 镜头

这是视听广告最基本的语言要素。由于受众注意力集中的时效性，一般视听广告的时间都在 30 至 60 秒，30 秒的广告里面至少需要 12 个镜头，所以导演在拍摄的时候都是按照分镜头的形式进行的。镜头主要包括构图、景别、角度、景深、运动等。构图就是在拍摄之前把需要的内容都结合在一起，景别就是包括拍摄时的远景、近景等，角度就是通过镜头的不同角度让观众产生不同的感受。

2. 剪辑

剪辑就是镜头组合，一般是视听广告的后期程序。如某公益广告里面就有这样的一个情节，一个大学生在等待应聘的时候，正好赶上公司的老总从身边经过，大学生笑脸迎接并递上自己的简历，同时相应的字幕出现。短短几秒的剪辑镜头很轻松地就把所有的画面都放在了一起，也完美地呈现出设计者的观点和创意。

另外，数字技术在当下的视听广告中的运用也日趋广泛。传统视听广告几乎都是实景拍摄，而随着科技手段的迭代，视听广告中也开始应用数字技术，将一些抽象的光和影像变化通过数字技术更清晰地表达出来，增加了视听广告的趣味性，更有效提高了视听广告的传播效果。

3. 听觉

语言在视听广告中是不可或缺的。视觉语言和听觉语言两大要素只有同时存在才能更好地提升作品的张力和魅力，把观众带入到特定的场景中，让观众更好地感受广告的美，真正实现影像广告最大的价值。

音乐和音效可以起到烘托和渲染的作用，扩大镜头的信息量，让广告更有层次，具有提高接收者广告记忆度的作用，一段好的广告音乐总是很容易被受众记住，所以视听广告总是尽可能地利用音乐记忆度高的特性来增强观众对广告的记忆度。当视听广告为商品创造了一段特定的音乐符号时，人们就自然而然地把音乐与广告的产品联系起来。如图 6.14 所示的某品牌音乐手机电视广告中，贯穿整篇的节奏欢快的音乐一出现就强烈地吸引受众，与这款适合年轻人用的手机广告主题配搭契合。轻快的背景音乐、明媚的阳光、蔚蓝的大海、林荫道上的电车以及靓丽的女生形象，不仅仅烘托出一个美妙动感的画面，而且为整条广告片创造了极具视听魅力的听觉享受。

图 6.14 视听广告

4. 色彩

视听广告中的色彩不同，对应的主题就不同，营造的氛围和给人的感受也会大不相同。如图 6.15 所示的某巧克力广告，传播核心是为了表达出巧克力的高档和其专属的口感，所以整体色调以金色和红色为主，凸显高端的品牌基调。

图 6.15 广告色彩

二、视听广告视觉营销设计

（一）语言设计

现在信息技术的发展在很大程度上丰富了人们对物质生活的需求，视听广告中的视听语言能否给人们带来很多的美感和享受，人们是否能够通过自己的联想产生共鸣，直接决定了视听广告的传播效果。

视听语言是一种因声音和画面而存在的艺术，真正优秀的视听广告一定是基于视听语言完美呈现的基础上创作的，经典的影视广告"妈妈洗脚"在一代人的心目中留下了非常深刻的印象（见图6.16）。一个小男孩因为看到妈妈为奶奶洗脚，也摇摇晃晃地端着一盆水要为妈妈洗脚。生活中非常不经意的一件小事，通过视听语言的表现，就传递出了中国传统的尊老爱幼的美德，同时表达了"父母是孩子最好的老师"的理念，从而感染到每一个看到广告的人，在潜移默化中就激发了观众的审美意识，引导了健康向上、积极美好的价值追求。

视频广告设计

图6.16 视听广告

第一，视听语言要表达得更简洁、更生动。视听广告的时间非常短，这就要求在语言上必须要更简短更精炼更准确地表达其内容的含义，不能长篇叙述。

第二，视听语言需要具备极强的吸引力。一般的视听广告是通过电视或网络播放，尤其是在短视频时代，受众的注意力非常分散，视听广告中的视听语言就需要非常具有吸引力，才能够在如今碎片化信息爆炸的时代抓住受众的眼球，达到预期的宣传效果。

第三，视听语言表现手法需要一定的夸张性。视听广告以商业广告为主，一般都起到宣传和服务的作用，商业诉求功能大于艺术表现。因此导演需要用夸张的方式凸显重要信息，使广告的主题更加鲜明。

第四，视听语言在视听广告中的重要性还在于对和谐、良好的影视环境的维护，倡导人们有健康的生活态度。视听广告的创作应该符合人们追求美好的本性，而不仅仅是出于对商业利益的追求。

（二）形式美设计

1. 结构美

结构美是广告构图各要素之间及要素内部各细部之间的关系协调而呈现出来的一种舒适的美感。每一则视听广告，都会有总体的视觉结构安排，将图形、文案、色彩、光影以及留白合理又具有美感地安排在一起。如图 6.17 所示的某网站广告，主角是一位明星和一头虚拟的小毛驴，两个形象占据画面的中心非常醒目，形成强烈的视觉冲击感；在绿色的字体文字和网址做成的背景中，人骑在小毛驴上从画中走过，使画面紧凑、不单调、不突兀，同时又宣传了广告主题，加深了其在受众脑海中的印象；画面最后是小毛驴身上驮了高高的一摞物品累得不肯走，明星高喊"××网，啥都有！"，整则广告画面简洁，内部各要素的合理安排使得该广告有一种独特的美感。

图 6.17　网站广告

2. 节奏美

节奏美主要表现在两个方面，一个是形式美感，另一个是内在的艺术感染力。形式美感是指叙事所表现出来的和谐之美，并不是要求视听作品一平到底没有变化。视听广告的编排过程要注意节奏的舒缓紧凑，做到张弛有度，犹如一曲动听的音乐，既有小溪潺潺的舒缓流畅，又有黄河长江的奔腾咆哮。

艺术是有感情的，而节奏正是艺术的感情脉动。在视听广告中，只有合理的节奏安排和处理，才能产生使受众感到满意的注意力和紧张度，也才能使广告达到预期效果。许多优秀的视听广告都富有强烈的节奏美感，但是更重要的是节奏要与整个广告的变化发展一致，使节奏在广告片的叙事中能不断延伸、渲染气氛，并逐渐揭示主题、引发受众联想。同时节奏还要辅助画面传达广告信息，刺激受众的购买行为。事实上，节奏的转换既要依赖于蒙太奇，又要依赖于叙事的态度和立场。

3. 叙事美

视听广告是以秒来计算时间和成本的，所以不可能同电影、电视剧那样进行长时间的叙事，视听广告需要在极短的时间内，将商品的信息融入广告的叙事格式中，通过特定的视角传达给观众，同时以崭新的形象和动人的故事吸引观众，最后刺激受众的购买欲。而只有充分意识到欣赏者感情、思维的节奏，才能更好地揭示作品本身的审美意味，才能使受众在视听叙事中感受到审美愉悦。

如某广告《婴儿篇》中，广告的前 15 秒内画面中一个小宝宝在摇篮里荡来荡去，当摇篮摆到高处时，他开心地笑，而摇篮荡到低处的时候，他皱眉哭。这样反复了几次，第 15 秒钟镜头一摇，原来当摇篮荡高时，婴儿能看到窗外的标志牌所以笑，而荡下去的时候，因看不到窗外的标志牌所以哭。这则广告用婴孩极富戏剧性的表情抓住观众的好奇心，一步步引导观众往下看。这种设问的叙事手法无疑更加突出和强化了品牌，而婴孩纯真无邪的笑脸又体现了品牌诉求。

4. 文化美

视听广告的审美意象赋予商品服务以生命，同时实现了商品信息与消费者的沟通；视听广告的意境则可以超越时空的限制，引发受众丰富的联想和想象，传递精神文化之美。这是因为富有意境的视听广告在传递商品或者服务信息的同时会产生一种精神文化的气息，在美的意蕴中赋予品牌高雅的艺术美感。而只有当商品或服务晋升为一种有文化号召力的品牌时，它才能在激烈的市场竞争中产生强大的生命力和竞争力，才能使消费者产生一种深层次的文化认同与品牌沟通。优秀的视听广告不仅能够丰富人们的物质文化生活，还能提高人们的审美情趣和丰富人们的精神境界，给人以美的享受。因此从理论上说，一个成功的视听广告，是商品信息的有效传播与符合消费者审美特征的艺术表现的完美结合。如图 6.18 所示的某电视台广告中，整套宣传片以"沃土""九天""山川""江河""天地""大海"等气势恢宏的物象为理念的载体，分别展现情怀、胸襟、视野等理念。

（三）技法设计

1. 蒙太奇

蒙太奇是法语 montage 的音译词，原是建筑学的术语，意为构成和装配。后被借用在电影上，就是剪辑和组合，表示镜头的组接。简要地说，蒙太奇就是根据影片所要

图 6.18　视听广告

表达的内容和观众的心理顺序，将一部影片分别拍摄成许多镜头，然后再按照原定的构思组接起来。很显然，这种组接不是简单的堆砌，而是根据一定的剧情展现一定的空间，以说明特定的道理。镜头之间不同组接都会影响影片表达的意义。视听广告艺术来源于影视艺术，从属于影视艺术，因此完整的蒙太奇包含的含义同样适用于视听广告。

蒙太奇作为一种思维方法属于形象思维，就是在创作者头脑中形成的一种结构画面。也就是说，一则视听广告要根据创意和产品内容，在脑海中出现声画结合的"有声有色"的画面联想，并按照艺术体验构架起一个完整的广告场景和片段，以上一系列的形象思维过程就是蒙太奇在视听广告中的最初体现。蒙太奇艺术手法展现出的高度集中与概括的特点，带来时空的假定性和跳跃性，也为广告开辟了更多灵感创作的可能性。

第一，摒除时空限制。视听广告高昂的投放成本和短暂的投放时间，使得其必须在有限的时间和空间内完成广告叙事，达到诉求的目标。广告片时长一般以 60 秒、30 秒、15 秒为主，在时间限制如此严格的以秒计算的广告片中，要完成历时性的长时间叙事变得困难，而蒙太奇却成功地解决了这一难题。

例如一则讲述 2008 年到 2013 年聋哑儿童成长的公益广告，仅仅用了 90 秒就完成了五年的故事叙述。镜头的切换成功将五年里的几个重要时刻展现出来，并配以简洁字幕，在这五个故事节点里，每个段落用两三个代表性的场景和镜头表现父母对孩子的爱和关怀。蒙太奇的省略技法不露声色地让观众根据以往的观影经验完成了心理补偿，并在最后一个镜头表达出了这则公益广告的主旨，呼吁人们关注和关爱这个群体：上天对他按下静音键，但他依然能发出最美的声音。这就是蒙太奇的功劳，能够有效地省略和压缩时空。

第二，激发商品想象。视听广告不同于影视，广告传播本身并非直接目的，它的终极目标在于其商品性。正如大卫·奥格威认为："广告佳作是不引起公众对广告本身

过分注意就能把产品推销掉的作品,它首先应该把广告诉求对象的注意力引向产品。诉求对象的感觉不应是'多么美妙的广告啊!'而是'我一定要买来试一试。'要使自己的技艺深藏不露。"也就是说,所有的广告镜头处理都是围绕着商品特性考虑,进而激发受众的消费欲望。如某品牌洗发水广告中,讲述了小女孩从开始学习舞蹈一直到最终拿奖的故事,整个故事情节连续顺叙,按照情节发展的时间流程、逻辑顺序和因果关系展开,整个故事的叙述方法属于连续蒙太奇。这个广告片直至最后几秒才出现商品,在此之前让观众产生无限遐想,最后产生究竟广告词说得到底有多棒,跃跃欲试地去购买产品亲自尝试一把的心理。也就是说画面带给你的是启发,剩下的空间则交给观众来发挥。

第三,强化画面节奏。优秀视听广告体现出的节奏应是错落有致、张弛有度的,而决定广告节奏的因素很多,它渗透在表演、造型、声音、色彩和剪辑等各个方面。比如美国呼吁禁枪的公益广告中,黑白画面固定机位的近景拍摄人物,造成一种紧张局促感;在每个段落里每个人都会提问,构成相似的提问结构,很多镜头仅停留1秒,节奏不断加快,人物的词语也越来越少,从一句提问逐渐变成几个单词最后仅用一个"enough"短促重复来表现出禁枪的紧迫性和必要性。利用蒙太奇强化广告的视觉节奏契合了视听广告的特性,并将广告语和音乐音响这样的听觉节奏相统一,更易树立品牌的形象风格,获得良好的广告效果。

2. 长镜头

长镜头被称之为"连续拍摄法",也就是说一个镜头从开始到结束都始终保持时间和空间的统一性与连贯性。高举长镜头理论这面大旗的重要人物是法国电影理论家巴赞,巴赞因其纪实美学的理论主张,不仅推崇连续摄影还十分注重景深镜头的运用。长镜头内部的场面调度保证了整个叙事的流畅和自然,广告创意可利用"接力棒方式"的场面调度,即两个人A和B出现后,A完成任务后出画,B负责继续演绎故事,直到B遇到C,B出画C继续接力完成叙事,如此循环。连续摄影能够保证时间的连续性,景深镜头则提供了空间的连续性。当长镜头引入到视听广告中,其拍摄仍是以时空的连贯性作为基本前提,因而更易获得现实经验的认同并产生真实的感受,能够令观众对广告宣传的内容产生信赖。

如图6.19所示的某品牌手表广告,在70秒的长镜头广告中,镜头内部的场面调度与品牌传奇糅合到极致。这则广告主题在于突出手表的同轴擒纵机构作为机械机芯的心脏,使腕表得以持续运转、精准走时。广告以嘀嗒运转的手表同轴机芯的特写镜头开启,随后镜头分别进入到由齿轮组成的深海、城市陆地、操场赛道、太空,最后到达表盘正面,这四个不同的空间都在一个镜头内完成,每一个段落的场面调度都别出心裁地展现品牌形象。四个场景中镜头的运动和品牌故事都有机结合在一起,将世界万物与齿轮和其他机芯部件优雅结合,全片的画面组成也全部是机械零件,正如画外音所描述的那样:"非凡机芯,超乎想象。"

蒙太奇和长镜头作为视听广告时空表达的两种形式,与其说是各自具有独特的美学特征,不如说二者是互补的一对艺术形式。蒙太奇利用集中和拼贴的优势制造出连

图 6.19　某品牌手表广告

续的影像便于流畅叙事；长镜头强调全面与连贯，却也利用场面调度等手段创造时空的转变。在视听广告中不能说二者孰优孰劣，而是根据二者的美学特征，结合不同广告创意和具体产品特性决定哪个更适合表达，使得广告更富有感染力，达到预期传播效果。

项目小结

广告是商品经营者或者服务提供者通过一定媒介和形式直接或者间接地介绍自己所推销的商品或者服务的商业活动。广告主要具有价值性、传播性、说服性等特点。广告可以按传播媒介、广告目的等不同标准进行分类。广告创意就是广告的创意性思维和手法，应遵循冲击性、新奇性、包蕴性、渗透性等基本创意原则。从创意内容的角度来说，大体可分为商品型创意、品牌型创意，以及观念型创意。商品型创意是最重要的创意形式，包括比较型、故事型、证言型、夸张型、幽默型、悬念型、联想型创意等常见方法。

平面广告泛指现有的以长、宽二维形态传达视觉信息的各种媒体广告，包含图形、色彩、文字、构成等基本要素，同时具有冲击力、信息、形象等标准。平面广告通常运用比喻、比拟、夸张、对比、借代、示现等修辞手法。

视听广告是指通过电视、电影、视频网站及互联网自媒体等平台进行传播的广告形式，主要用于企业形象宣传和产品推广等，大致分为商业、公益、节目三种。视听广告的要素包括视觉语言和听觉语言两种，具体分为镜头、剪辑、听觉、色彩等。视听广告设计必须注重结构、节奏、叙事、文化等形式美原则。蒙太奇手法是指视听广告要根据创意和产品内容，在脑海中出现声画结合的"有声有色"的画面联想，并按照艺术体验构架起一个完整的广告场景和片段等一系列的形象思维过程。蒙太奇艺术手法可以帮助视听广告实现摒除时空限制、激发商品想象、强化画面节奏等目的。长镜头也是视听设计的重要手法之一，它是指一个镜头从开始到结束都始终保持时间和空间的统一性与连贯性。

视觉营销

项目测验

一、单选题

（1）如图 6.20 所示的广告的定位方式是（　　）。

图 6.20　小天鹅广告

A. 产品诉求　　　　　B. 形象识别　　　　　C. 价值观念　　　　　D. 系统整合

（2）如图 6.21 所示的广告的定位方式是（　　）。

图 6.21　小米广告

A. 产品诉求 B. 形象识别
C. 价值观念 D. 系统整合

(3) 恒源祥的广告中强调"羊羊羊，恒源祥"，这种表现技巧是（　　）。

A. 刺激 B. 重复 C. 悬念 D. 故事

(4) 若企业产品处于成熟期，（　　）型广告目标最为合适。

A. 提醒 B. 传播 C. 说服 D. 心理

(5) 若企业的经费有限，以下哪种广告发布策略合适（　　）。

A. 连续式 B. 上升式 C. 集中式 D. 交替式

二、多选题

(1) 以下哪些属于平面类广告（　　）。

A. 报纸广告 B. 杂志广告
C. 路牌广告 D. 淘宝直通车

(2) 根据表现手法的不同，商业广告可分为哪些类型（　　）。

A. 理性广告 B. 产品广告
C. 感性广告 D. 观念广告

(3) 商业广告创意的核心目标原则是（　　）。

A. 告知性 B. 差异性 C. 效益性 D. 艺术性

(4) 根据《中华人民共和国广告法》的规定，以下哪些是违法行为（　　）。

A. 使用最高级、最佳等用语
B. 药品广告说明治愈率或者有效率
C. 大众传播媒介以新闻报道形式发布广告
D. 电视台以介绍健康、养生知识等形式发布保健食品广告

(5) 商业广告中，最常用的视觉形象包括哪些（　　）。

A. 产品 B. 美女 C. 动物 D. 儿童

三、思考题

(1) 广告定位的方法有哪些？
(2) 试举例说明平面广告的视觉修辞手法。
(3) 试举例说明视听广告的镜头和景别。

项目实践

一、实践操作

任意参考某类商品视听广告，分析时长规格、构图布局、创意表现、营销效果等方面的现状及问题，为某网店商品设计视听广告2个以上。

二、实践考核

本实践考核学生对于视听广告设计规律的掌握程度，以及设计效果、工作态度与

效率等职业素养表现。实践考核标准如表 6.1 所示。

表 6.1 实践考核标准

考核指标	考核内容	考核分值
设计规范	版式结构：视听格式、分辨率、时长等基本结构是否符合规范	20
设计效果	视听要素包含但不限于商品属性、特点、卖点等，设计美观、合理，有一定的创意性、逻辑性、冲击力	50
设计效果	与原视听广告的差别成效	20
职业素养	项目完成时间、工作态度等	10

项目七
商品包装视觉营销

【学习目标】

1. 知识目标

理解商品包装的定义、功能、类型等基本原理,掌握商品包装视觉营销要素、营销规律与视觉技巧。

2. 能力目标

能够遵循商品包装设计的营销原理,合理地分析、设计各种商品包装。

3. 素质目标

从事视觉设计岗位,培养高效的个人工作能力和团队合作精神,同时培养吃苦耐劳、敢于承担重任、勇于创新、大胆突破等商业工匠精神。

【导读】

古代包装发展历程

　　植物类包装。原始社会晚期出现了最原始的包装，如用竹筒、葫芦、椰子壳等包装酒、醋、油等液态的商品，用竹子或草编织的篓、筐或用竹叶、荷叶等植物直接包装固体物品。根据《云仙杂记》记载，唐代诗人杜甫居住在成都茅屋时，每天"以七金买黄儿米半篮、细子鱼一串"。杜甫去市场买鱼，从自家茅屋上揪一根茅草，挑好鱼用茅草往鱼鳃上一穿，拎着便走，既轻便又环保。

　　陶罐类包装。传统陶罐制品主要用作油、酒、酱菜等包装。通常用纱布、草饼、竹叶、稀泥等细致多层密封，这种方法允许内装食品进行新陈代谢，可以保证长期不变质、不变色、不变味。如湖北包山出土了公元前316年的12个密封食物陶罐，被认为是世界上最早的"食品罐头"。再如盛行于两宋的梅瓶，就是古代一种著名的陶瓷包装。梅瓶小口、丰肩、器形优雅修长，多用来盛酒，是中国陶瓷史上最为优美的器形之一。

　　瓷器类包装。瓷器既是容器，也是包装。由于瓷器易碎，其运输包装十分讲究。北宋《萍洲可谈》中提出瓷器包装"大小相套，无少隙地"的包装原则。明代，瓷器包装更为先进和完善。明人沈德符《敝帚轩剩语》曾记载：在包装时"每一器内纳沙土及豆麦少许，叠数十个辄牢缚成片，置之湿地，频洒以水，久之豆麦生芽，缠绕胶固，试投牢硌之地，不损破者始以登车"。这说明瓷器包装不仅采用套装、垫衬、稻草绳子捆扎的方式，还采用了极巧妙的绿色生物包装方法，用豆类、草种、麦芽掺上泥土填在瓷器空隙中，不断浇水，让种子发芽生长，越生长就包裹得越结实牢固，解决了瓷器长途运输难的问题。

　　织锦丝麻类包装。中国丝织提花技术起源久远，殷商时期青铜器工艺发达，除了酒肉等食物包装多采用青铜容器外，还有织物包装。周代丝织物中出现织锦，花纹五色灿烂，技艺臻于成熟。汉代设有织室、锦署，专门织造织锦，供宫廷享用。

　　木盒漆器类包装。漆盒精致、防虫、耐用，也是果品、糕点类的主要包装形式。春秋战国时期，商品包装日趋华丽，甚至有了喧宾夺主的倾向。如《韩非子》中曾记载了著名的买椟还珠的故事，《警世通言》描写了杜十娘怒沉百宝箱的故事，都说明木盒漆器包装的精美。

　　纸类包装。在造纸术发明之前，秦汉时期已出现绘有地图的古纸，西汉时期已使用粗质竹麻纸来包装青铜镜。改进后的纸很快被应用于包装上，用以包裹各种日用物品、食品、医药等。此后历代，纸成为最普遍和最重要的包装材料。宋代，印刷术发明后，包装印刷技术也随之得到开发应用。

　　（资料来源：7分钟了解包装的历史_发展史sohu.com）

造纸术与印刷术的结合，加之诗、书、画、印等中国传统文化艺术的运用，使传统包装在造型和装潢方面呈现出浓郁的中国特色。

商品包装既要取之自然，体现美观、健康、环保等特点，更要从自然、社会及与之相关联的政治、哲学、宗教、道德、文艺等方面汲取营养。视觉工作人员要鉴赏、学习中华优秀传统文化，理解讲仁爱、重民本、守诚信、崇正义、尚和合、求大同的思想精华和时代价值，在视觉设计中传承中华文脉，使视觉设计富有中国心、饱含中国情、充满中国味。

任务一　认识商品包装

包装和我们的生活、工作等息息相关。随着社会的发展和变化，人们对它的认识与理解不断深化。各类产品通过包装设计传递各式各样的无声的商品信息，吸引着络绎不绝的顾客，成为产品无声的推销员。

我国国家标准中指出，包装是"为在流通过程中保护产品，方便储运，促进销售，按一定技术方法而采用的容器、材料及辅助物等的总体名称。也指为了达到上述目的而采用容器、材料和辅助的过程中施加一定方法的操作活动。"从上面的描述来看，包装既指采用的容器、材料和辅助物等，也指一种操作活动。

一、商品包装功能

（一）保护商品

保护商品是包装的基本功能之一。商品从生产者流通到消费者手中，要经过许多装卸、运输、存储、销售等过程，其间会承受外来的损坏，比如物理的防震防挤压、化学防潮防紫外线等。由于生鲜食品的特殊性，像一些容易磕碰的水果，在包装上就要更加注意降低商品的破损率。因此，包装最重要的目的之一就是避免商品在运送过程中受到不必要的损坏，使其易于流通。因此设计师在设计产品包装时，应该多加注重商品包装的形状，材料、结构等不同因素，保证商品得到综合性保护。又比如一些药品由于其成分的特殊性，见光会容易分解，因此这类药品需要用深色瓶子包装来抗强光，以防止药品变质（见图7.1）。

（二）方便储运

商品包装的基本功能之一还在于满足方便储存和运输的功能。设计师应该充分考虑商品的属性，了解不同商品的运输价格，科学合理地进行包装设计，从而尽可能地在节约成本的前提下设计出方便储运的包装。如图7.2所示，部分饮料、矿泉水的包

图 7.1　瓶装

装是利用热收缩薄膜机芯包装，不仅方便商品的存储和装卸，而且价格便宜，能够在一定程度上节约生产成本。

图 7.2　饮料包装

（三）传递信息

包装是商品信息的有效载体，承载着传递商品信息这一最直观的营销作用。包装上附有商品的详细信息便于消费者选购自己想要的相关物品，包括商品名称、品牌、配料、生产日期、产地、条形码、二维码等。其中，文字和图形能让消费者对所购买的商品产生明确的认识，对商品的外观做出了形象的传达。商家也应该根据相关法律法规，真实可信地展示包装上的相关信息，杜绝虚假宣传和模糊宣传。

（四）促进销售

在货架上包装会和消费者进行面对面的沟通，为了让商品的包装能成为一个好的推销员，包装设计需要非常注重商品信息的传达和形式的多样化。特别是在网购盛行的时代下，商品的包装就成了商品与消费者之间最直接的媒介。包装在设计中，可以从不同角度创新包装的材料、包装的形状等，从而激发消费者的购买欲望。商品的包装在满足商品保护、运输和储存等基本前提下，还可以根据商品的人群定位进行精准营销，能够引起此类消费人群的情感共鸣。同时，在节假日或新品上市等时间段，可以设计与之相应的包装，或者推出部分限量款包装吸引消费者购买。如图 7.3（a）所示的饮料包装，迎合了年轻人的审美和个性，在图形设计和语言描述上能和年轻人产生共鸣，在年轻群体中颇受欢迎；如图 7.3（b）所示的零食包装，结合商品的属性设计创意包装，显得有趣，吸引了消费者的目光，进而增加商品购买量，提升品牌的契合度。

(a)　　　　　　　　　　　　(b)

图 7.3　饮料/零食包装

(a) 饮料包装；(b) 零食包装

（五）创造价值

企业和包装设计者为了进一步增加商品的附加价值，会在包装的设计上多下功夫。优秀的包装设计能够在外观上很好地表现商品品质、提升商品档次、提高消费者的关注度，从而增加商品的附加价值。如今产品同质化已经成为商品发展的一个普遍现象，因此，企业要想获得良好的竞争力，除了产品本身的技术创新和产品质量的提升外，产品的包装和创意也成了一个突破点。如图 7.4 所示为大闸蟹礼盒包装，在保证产品质量和环保包装的前提下，适度的包装能增加商品的附加价值，提升品牌形象。

图 7.4　大闸蟹礼盒包装

二、商品包装分类

【案例】

易拉罐包装

20世纪30年代，易拉罐在美国成功研发并生产。这种由马口铁材料制成的三片罐，即由罐身、顶盖和底罐三片马口铁材料组成，当时主要用于啤酒的包装。目前我们常用的由铝制材料制作而成的二片罐，即只有罐身片材和罐盖片的深冲拉罐诞生于20世纪60年代初，如图7.5所示。

易拉罐技术的发展，使其被广泛运用于各类商品包装中，啤酒、饮料、罐头目前大多都以易拉罐进行包装。据悉，全世界每年生产的铝制易拉罐已经超过2 000亿个。目前，易拉罐已经成为市场上应用范围最广，消费者接触使用最多、最频繁的包装容器，是名副其实的包装容器之王。易拉罐消费量的快速增长，使得制造易拉罐的铝材消费量也有大幅增长，目前制作易拉罐的铝材已经占到世界各类铝材总用量的15%。

随着易拉罐使用量的增加，世界各国为了节省资源和减少包装成本，纷纷研发更轻、更薄的新型易拉罐。铝制易拉罐也从最开始的每1 000罐25千克，缩减到上世纪70年代中期的20千克。现在每1 000罐的重量只有15千克，比20世纪60年代平均重量减轻了大约40%。

除了推出更轻、更薄的铝制易拉罐以外，目前各国对易拉罐的回收利用率也不断增加。早在20世纪80年代美国铝制易拉罐的回收利用率就已经超过50%，在2000年达到62.1%。日本的回收利用率更高，目前已超过83%。

图7.5　易拉罐

（一）按形态划分

1. 内包装

内包装也称为个包装、小包装，是可以直接和商品接触的包装。内包装一般都是陈列在商场或超市的货架上，最终连同产品一起卖给消费者，比如饮料瓶、食品包装袋等，如图7.6所示。因为直接接触食物，所以包装的环保安全性就显得尤为重要，设计者在设计内包装时应选择安全无害的材料，避免有害物质接触食品。内包装上附有商品的详细信息，比如商品名称、品牌介绍、配料介绍、生产日期、产地介绍、条形码、二维码等基本信息，具有宣传产品、指导消费者、提升企业形象的重要作用。

图7.6 内包装

2. 中包装

中包装主要是在内包装的基础上，增强对商品的保护且便于计数，以数个单个产品小包装为一组的包装方式。大多商品基本上都有中包装，它主要用于加强商品的保护、便于分销，所以中包装的价格成本应该有所控制，不主张过度包装。如图7.7所示的咖啡组合的包装就是中包装。

图7.7 中包装

3. 外包装

外包装也称运输包装或者大包装，是内包装和中包装的外层包装，它的主要作用是保证商品在运输中的安全，且便于辨认、存储与计数，如图 7.8 所示。外包装上一般是标注产品的基本信息、放置方法和注意事项等相关内容，以便于流通过程的操作。因为外包装并不承担促销的目的，所以一般外包装都比较简单。根据产品性质和外观的不同，外包装一般可以分为集装箱包装、集装托盘包装和集装袋包装三种不同的类型。

图 7.8 外包装

（二）按功能划分

1. 销售包装

销售包装也称为商业包装，通常是在零售商的商业交易上作为商品的一部分或分批所做的包装，进入商店进行销售，最终和商品一起到达消费者手中，一般是以一个商品为一个销售单位的方式来进行的，与前面所述的内包装和中包装较为类似。

2. 礼品包装

礼品包装主要是在表达情意、馈赠礼物时配备的实用礼品包装物，主要是为了增加商品的美观性。

3. 运输包装

运输包装主要是在运输过程中进行的简易包装，主要确保产品从工厂到陈列柜的过程中不受损坏、安全流通、方便储运。运输包装和外包装类似，一般用箱、袋、桶等容器对商品做外层的保护，不与消费者见面。

任务二　包装视觉营销设计

影响产品包装的基本要素主要有三个：一是大小；二是形状；三是材料。其主要关系如表 7.1 所示。而决定包装视觉营销的关键要素主要包括色彩、文字、图像和标志等四种。

包装设计　　包装标志

表 7.1　包装基本要素简表

基本要素	决定要素	设计要求
大小	产品有效期、购买力水平、客户使用习惯	经济划算、使用方便
形状	产品物理性质	美感、便于运输、陈列、携带、展示
材料	产品安全性、客户认知习惯	保护产品、利于销售、使用方便

一、包装色彩设计

色彩具有举足轻重的位置，可以传达商品的重要信息和内容，也能塑造良好的产品形象、刺激产品的销售。

（一）突出产品特性

商品的种类、规格等繁多，如何在众多同类商品中脱颖而出，包装色彩有着重要的作用。不同的商品因为特性和属性的不同，有其固有的色彩，合理地运用色彩可以让消费者通过色彩联想到商品的口味、系列等特性。如图 7.9 所示的化妆品中，如图 7.9（a）所示为男性化妆品，一般采用稳重的中明度色彩，比如灰色、黑色等；如图 7.9（b）所示为女性化妆品，运用明度较高的色调，比如浅绿色、白色等；如图 7.9（c）所示为儿童化妆品，运用明亮度高的色调，比如亮红色、亮绿色等。

（二）强化产品诉求

色彩是包装外衣的绚丽颜色，能让包装更加夺目动人，更容易捕捉人的视线，调动观赏者的兴致，受到顾客的喜爱，并在一定程度上刺激顾客的购买欲。因而企业在设计包装时，应该多结合品牌的属性、产品的特性，设计出适合商品的色调，激发消费者的购买欲望。另外在商品购买结束后，个性化的色彩也会给顾客留下深刻的印象，

图 7.9　包装色彩

(a) 男性化妆品；(b) 女性化妆品；(c) 儿童化妆品

起到企业宣传产品的作用。如图 7.10 所示，绚丽颜色会吸引顾客的注意，对商品的包装起到一定的美化作用。

图 7.10　包装色彩

（三）表现文化差异性

受众对于包装色彩的喜好，因为国家和地域的习俗不同而产生很大差别。特别是做出口商品的企业要多注意，不同国家和地区对于色彩的喜好和理解大有不同，需要根据不同地区的市场特性来进行包装色彩的设计，应综合考虑地域习惯、风俗、宗教等不同元素。如图 7.11 所示，中华民族向来衣着尚蓝，喜庆尚红。中国使用红色有悠久的历史，甚至成为中国人的文化图腾和精神皈依，它代表着喜庆、热闹与祥和，在各种情景中运用丰富，中国红无处不在，无时不在。

图7.11　包装色彩

二、包装文字设计

（一）文字种类

1. 品牌文字

品牌文字包括品牌的名称、品牌的标志、企业的名称等信息，这些文字都代表产品的品牌形象。其中品牌名称和标志是非常重要的视觉要素，在设计排版时应该有所凸显，设计的独特性能让消费者对品牌印象深刻。一般来说，品牌标志、品名的字体设计要精心，新颖和个性能强化产品商业性的内在特点，单调乏味的字体设计无法捕捉到消费者的目光。每个产品都可以通过名称和标志来传达品牌的第一印象，因此标志的排版和板式就显得尤为重要。大到字体的选择、字号的大小，小到字符间距、布局、轮廓等，设计者都应该精心设计，使其具有丰富的内涵和视觉表现力，给消费者留下深刻印象。

2. 说明文字

说明文字是商品的必备文字，包含商品的配方、营养成分、生产厂家、使用方法、重量、净含量、生产日期、保质日期等。这些文字一般比较简明、不花哨，可以印在包装的侧面或底部，一般是在包装的次要位置，主要是为了让消费者对商品有一个基本的认知，所以设计的字体一般优先考虑文字的可读性，需运用规范的印刷字体。如图7.12所示是某品牌薯条的营养成分说明文字，字体为规范的印刷体，文字较为简约，主要是让消费者了解商品的营养成分。对于一些特殊商品，说明性文字有更为严格的要求。部分国家针对食品、药品等相关产品，说明性文字的尺寸和位置都有具体要求。

图7.12 包装文字

3. 广告文字

包装上的广告宣传语是为了迎合消费者的情感，促进商品的销售。这部分广告文字必须真实、可信，设计要简洁、生动，并且要严格遵守相关的行业法规。比如部分具有特殊制作工艺的包装，可突出产品的技术和工艺。又如"坚果加麦片，营养更全面"类似的广告语，主打"营养全面"的宣传重点，从情感上打动消费者，此类文字在设计上可以具有一定的独特性和创造性，但也不能喧宾夺主，在表现力上不可盖过品牌形象的宣传。在文字字体上可以选择广告体、综艺体等适合产品的字体。另外，广告文字并非必备文字，商家可以根据产品整体包装的具体情况做出判断。

（二）文字设计

1. 可读性

包装字体设计必须遵循交流与沟通的原则，这也是文字最基本、最重要的功能。在琳琅满目的商品中，消费者在每一件包装停留的时间有限。要想抓住消费者的视线，文字形象的可辨性、可读性就尤为重要，特别是品牌文字。如果只注重文字的创意，而忽略文字可读性，也就失去了最基本的交流和沟通的功能，再美观的文字设计也是失败的。清晰的文字视觉，在文字设计上的字形和结构都应该清晰明确，可识别和辨认，如果一味追求创意性，随意改变字形和结构，使消费者看不懂，则应进行调整，让大众都能理解和认知。尤其对于老年人和儿童类商品，包装的文字更应该简洁、易懂。如图7.13所示的包装，虽然很有特色，但普通消费者可能无法辨认，如果商品所面向的销售对象是普通消费者，而非小众消费者，那就失去了商品信息的可读性。

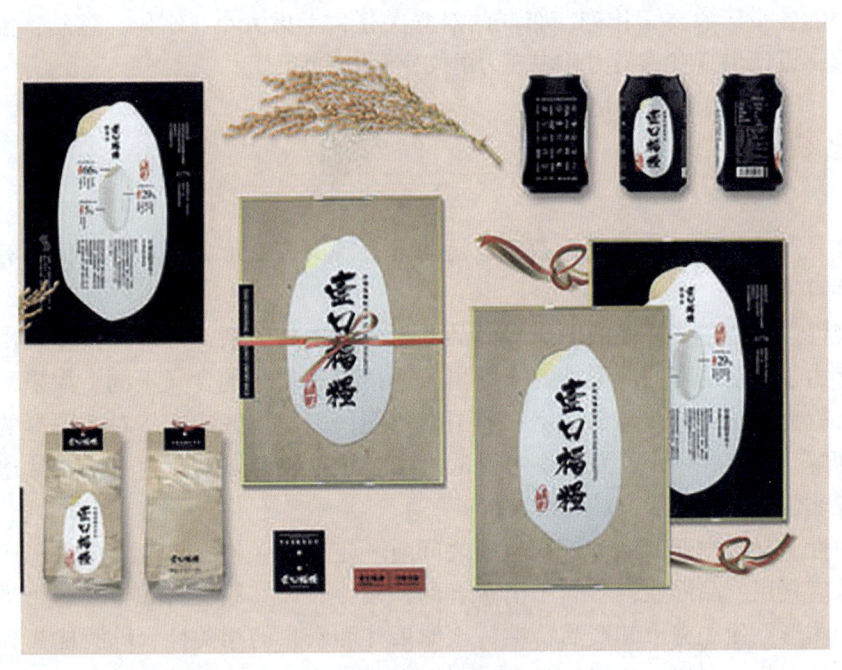

图 7.13　包装文字

2. 统一性

在产品包装设计过程中，字体的设计会有各种不同的形式和风格，要考虑到商品本身的特征和属性，比如商品的特质性能、面向对象、材料和结构等；设计理念和品牌形象的风格应整体保持一致，比如主题文字的位置和大小、字体的选择、色彩的运用等。例如，在设计儿童类相关商品包装时，通常选用活泼、可爱的文字，体现儿童特性。

对整体包装而言，一般把最重要的主题文字安排在最佳视域区间，也就是整体包装的视觉中心。同时，还要注意多种内容、多种风格、多种语言的一致性，文字字体的种类不宜过多，一般不超过 3 种字体，否则会显得杂乱，影响包装的有效视觉传达。无论是中文、英文还是其他语言，设计的文字之间要相互协调，有机统一，给人一气呵成的整体设计感。文字设计的统一性能给消费者带来视觉上的舒适感，提高整体的美感。

3. 美观性

文字的美观性能给人以视觉的美感，文字的美观性主要包括文字的字形字体以及文字的排版。在保证文字可识别性和可读性的前提下，选择适合产品特性的字体，运用对称、对比等美学原理，把握笔形、结构及整体形象，设计出优美的字形字体。同时，设计师要充分发挥形象思维和创新思维，依据商品的特点，设计出富有个性、新颖的文字形式。

文字在编排处理时，不仅要注意文字之间的关系，还要注意行与行的关系，考虑

主次面中的各个形象要素排列、布局的对立关系，考虑大小、字体、色彩，使之成为一个整体，设计出富有感染力和表现力的文字形式和版式。

三、包装图像设计

图像是产品包装上的重要元素，也是非常直观的商品形象要点，图像具有直观性和相关性等特点。

直观性，是指包装外面的图像和商品的形象有密切关系，可以直接体现产品的形象。文字由于存在语言的局限性，不同国家的语言和符号的含义不同，如果不认识和理解语言就无法认知包装上的文字。而图形不同，不同地区的人们对于图形的信息都能有所理解。图形是一种更为直观的视觉语言，外包装上如果印刷一些非常逼真的图像，可以非常真实地展示产品的形象特点。

相关性，是指内部商品和外部包装之间有一定的相关性，果汁、牛奶等产品的包装图形若直接用产品形象，不利于消费者的识别，若以其原材料如橙子、奶牛等形象作为包装图形，便能突出其产品特性。比如果汁和水果的相关性、乳胶枕头和天然橡胶的相关性、牛奶与奶牛的相关性等。

（一）图像特性

1. 展现产品成分

为了展示照片的真材实料，部分产品的包装物上会展示内部产品的形态和原材料，展示产品的货真价实、安全、放心、健康等特征，让消费者放心购买和使用。如图7.14所示，橄榄油包装上展示的原材料橄榄，从视觉上让消费者感受到橄榄油的真材实料，从心理上让消费者感知认同。

2. 表现产品特点

通过包装上直观的图像展示产品的成品或者半成品状态，包括外形、色泽、颜色等，使消费者可以感受包装内部的产品。

图7.14 包装图像

3. 描述生长环境

对于部分特殊产品，比如高原无污染产品，图像中可展示高原纯净的环境，让消费者认知和信任高原的无污染，加深对高原绿色产品的认知。如图7.15所示的包装图像中，展示了高山和雪原的背景，让消费者仿佛身临其境感受雪莲生长的环境，认可产品的价值。

4. 强调文化特色

对于部分具有浓烈的地域文化特色的产品，在包装图像上应该体现文化元素，比如人文文化或者地理文化、历史、符号信息等，让消费者从包装上就能感受到浓厚的

图 7.15 包装图像

地域文化特色，认可文化情愫，突出商品的独一无二。

（二）图像设计

1. 明确主题

包装上的图像主题有不同的类型，比如商标、产品的形象，形象代言人形象，原料或原产地形象，产品使用者形象等。包装上的图像最终是以形象来传递商品的信息，设计前应为其确定一个所要表达的主题定位。它可能是商标，也可能是产品形象或原产地形象。对于地域特征明显的产品，可以用原产地的形象或相关性标志形象作为包装图形。对于需要展示产品细节的商品，可以摄影或写实性绘画的方式对包装物进行图像的绘制并印刷在包装上，让消费者直观了解商品的特征。如图 7.16 所示，结合立春、小满、立秋、大寒四个节气，用茶叶的原产地和生长环境作为图像，使其与其他产品区分。

图 7.16 包装图像

2. 信息真实

图形是包装视觉营销的重要元素，设计者可以运用丰富的设计方法来美化和创新图像，但是不能有欺骗消费者的倾向，如图像和内装物差异性较大，在图像下方应该进行相关文字说明，误导行为会让品牌的形象大打折扣。

3. 创新和个性

在图像的选择上要根据市场的相关需求，找到适合的切入点，要了解特定消费者的喜好，设计出美观且迎合消费者视觉的个性图像。由于包装的尺寸限制，复杂的图形有时并不是最好的选择。可以通过简明的图像，抓住产品的典型特征，利用抽象的几何图形作为包装图形，增强包装设计的形式感。

项目小结

本模块主要讲述包装的概念、包装的目的、包装的分类、包装物的视觉要素、色彩的视觉规律、文字的视觉规律、图像的视觉规律几个部分。

第一部分介绍了包装的概念、包装的目的和包装的功能；第二部分介绍了视觉要素和营销规律，其中着重讲述了包装的视觉营销规律，从色彩、文字、图像三方面讲述了视觉营销的原则和规律。

项目测验

一、单选题

（1）如图 7.17 所示的商品包装属于哪种类型（　　　　）。

图 7.17　六叶草包装

A. 内包装　　　　B. 中包装　　　　C. 外包装　　　　D. 运输包装

(2)（　　）是介于器具和运输包装之间，实质是反复使用的转运包装物。
A. 销售包装　　　　　　　　　　　　B. 礼品包装
C. 运输包装　　　　　　　　　　　　D. 周转包装

(3) 中秋节期间的盒装月饼最有助于企业实现哪种营销目标（　　）。
A. 便于流通　　　　　　　　　　　　B. 传递信息
C. 促进销售　　　　　　　　　　　　D. 提升价值

(4) 某品牌手表的包装盒中除了手表外，还有表带、纽扣电池等，这属于（　　）策略。
A. 类似包装　　　B. 等级包装　　　C. 配套包装　　　D. 附赠包装

(5) 某数码厂家为3种款式的U盘设计了3种颜色的包装盒，这属于（　　）策略。
A. 类似包装　　　B. 等级包装　　　C. 配套包装　　　D. 附赠包装

二、多选题

(1) 以下哪些包装形式属于动态包装的范畴（　　）。
A. 容器　　　　B. 技术方法　　　C. 材料　　　　D. 操作活动

(2) 以下哪些符号是销售型产品包装中必备的（　　）。

A.
B.
C.
D.

(3) 商品包装设计中，一般可以添加哪些图像（　　）。
A. 商品　　　　B. Logo　　　　C. 代言人　　　　D. 原材料

(4) "三无产品"一般指商品包装设计中没有哪些内容（　　）。
A. 生产厂家　　　B. 生产日期　　　C. 生产地址　　　D. 生产许可

(5) 针对消费者进行包装试验，主要试验哪些方面（　　）。
A. 关注视觉因素　　　　　　　　　　B. 使用方便性
C. 辨识记忆度　　　　　　　　　　　D. 销售积极性

三、思考题

(1) 包装的功能之间有什么关系？
(2) 包装的视觉营销规律有哪些？

项目实践

一、实践操作

任意参考某类商品包装,分析材料、形状、视觉、创意、营销等方面的现状及问题,为某网店商品设计包装 2 个以上。

二、实践考核

本实践考核学生对于商品包装设计规律的掌握程度,以及设计效果、工作态度与效率等职业素养表现。实践考核标准如表 7.2 所示。

表 7.2 实践考核标准

考核指标	考核内容	考核分值
设计规范	版式结构:大小、形状、材料等基本要素是否符合规范	20
设计效果	视觉要素包含但不限于色彩、文案等,设计美观、合理,有一定的创意性、逻辑性、冲击力	50
	与原商品包装的差别成效	20
职业素养	项目完成时间、工作态度等	10

项目八
商品陈列视觉营销

【学习目标】

1. 知识目标

理解商品陈列的基本原理与规律，理解 VMD 的理论与规律。

2. 能力目标

能够合理地分析、规划各种商品陈列方式与设计。

3. 素质目标

从事视觉设计岗位，培养高效的个人工作能力和团队合作精神，同时培养吃苦耐劳、敢于承担重任、勇于创新、大胆突破等商业工匠精神。

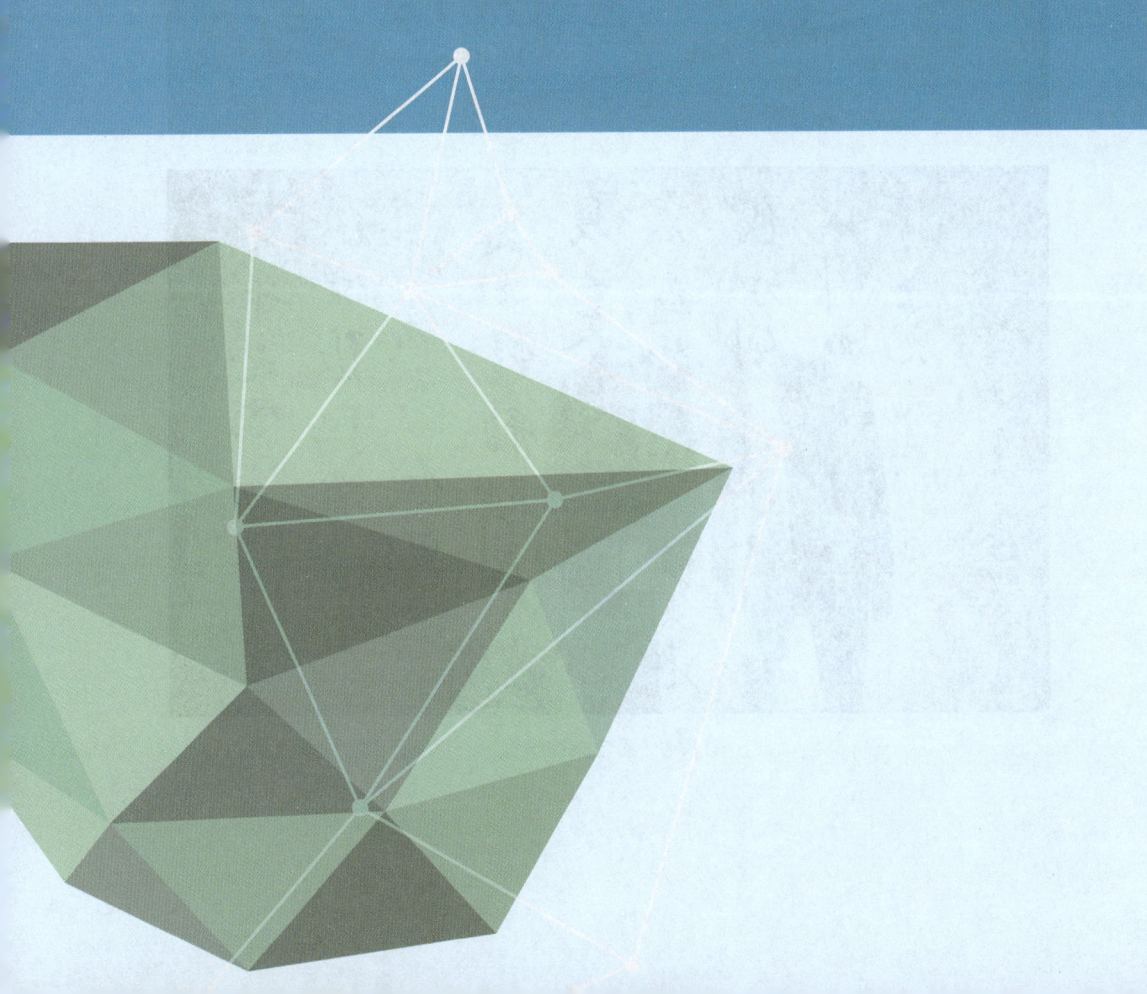

【导读】

橱窗设计

  店铺的陈列设计，重点在于橱窗设计，而橱窗设计的重点，就在于怎样做出有创意的橱窗。商店橱窗既是门面总体装饰的组成部分，又是商店的第一展厅，它是以店铺所经营销售的商品为主，巧用布景、道具，以背景画面装饰为衬托，配以合适的灯光、色彩和文字说明，进行商品介绍和商品宣传的综合性广告艺术形式。如图 8.1 所示的两个橱窗设计，不但能反映商品定位、提升店铺风格，而且具有中国风的设计更有韵味。

图 8.1 两个橱窗设计

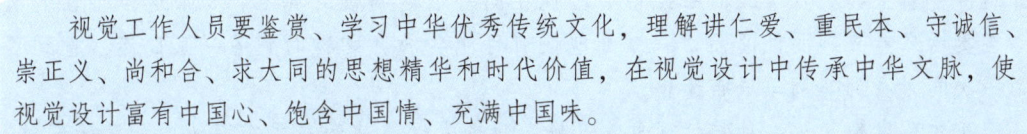

项目八　商品陈列视觉营销

> 视觉工作人员要鉴赏、学习中华优秀传统文化，理解讲仁爱、重民本、守诚信、崇正义、尚和合、求大同的思想精华和时代价值，在视觉设计中传承中华文脉，使视觉设计富有中国心、饱含中国情、充满中国味。
>
> 探寻传统美学文化与现代设计的传承与发展之路，营造具有中国美学风格的橱窗展示设计氛围，树立大众正确的审美观；在传承民族文化的同时，注重文化包容，交流互鉴，打开"中国窗"，推开"国际门"。

任务一　认识商品陈列

一、商品陈列的原则和分类

商品陈列是指以产品为主体，借助一定的道具，根据经营思想及要求、品牌形象、企业文化等内容，运用一定的艺术技法，将产品有规律地摆设、展示，以方便客户浏览、购买，提高销售效率的重要宣传手段。而陈列的目的，也涉及企业营销的方方面面，主要有：充分展示产品、树立品牌形象、传播品牌文化、营造店铺氛围、吸引顾客注意、提升产品销量。

综上所述，陈列看似不起眼，仅仅是解决产品摆在哪、怎么摆的问题，但实际上会对产品营销产生方方面面的影响；陈列看似简单，其中却也包含了许多技巧与原则，下面我们一起来继续探索陈列的科学与艺术。

【案例】

啤酒与尿布

沃尔玛是全球最大的连锁零售超市，在卖场布局、产品陈列方面均是世界一流水平，但是在美国沃尔玛超市的货架上，会发现尿片和啤酒赫然地摆在一起出售。一个是日用品，一个是食品，两者风马牛不相及，而且看起来有些影响和谐，这究竟是出于什么原因呢？

原来，沃尔玛的超市管理人员分析销售数据时发现了一个令人难于理解的现象：在某些特定的情况下，啤酒与尿布两件看上去毫无关系的商品会经常出现在同一个购物篮中，这种独特的销售现象引起了管理人员的注意，经过后续调查发现，这种现象出现在年轻的父亲身上。

在美国有婴儿的家庭中，一般是母亲在家中照看婴儿，年轻的父亲前去超市购买尿布。父亲在购买尿布的同时，往往会顺便为自己购买啤酒，这样就会出现啤酒与尿

布这两件看上去不相干的商品经常会出现在同一个购物篮的现象。如果这个年轻的父亲在卖场只能买到两件商品之一，则他很有可能会放弃购物而到另一家商店，直到可以一次同时买到啤酒与尿布为止。

沃尔玛发现了这一独特的现象，开始在卖场尝试将啤酒与尿布摆放在相同的区域，让年轻的父亲可以同时找到这两件商品，并很快地完成购物，使得这两样商品的销量都比之前的销量更高。

（一）基本原则

商品陈列需要将科学与艺术相结合，合理的陈列一般需要满足以下几个基本原则：
安全性，排除非安全性物品、保证稳定。
易看性，客户能在有限时间内清晰识别。
易取性，方便客户接触产品。
感觉性，富有感官刺激，保持清洁程度、新鲜感。
信息性，恰当、简洁、有说服力的直接或间接信息。
效益性，实现营销目标，体现商品价值。
商品陈列原则示意如图 8.2 所示。

图 8.2　商品陈列原则示意

（二）基本分类

按照不同的分类标准，陈列可分为多种不同的类别，主要有以下几种：
按陈列方式，可分为橱窗陈列、抛台陈列、展柜陈列、挂架陈列；
按陈列方向，可分为横向陈列、纵向陈列、不规则陈列；
按陈列数量，可分为少量陈列、大量陈列；
按陈列目的，可分为视觉陈列、销售陈列、单品陈列。

二、商品陈列规律

陈列是一门综合的艺术，涉及了营销学、心理学、人体工程学等多学科知识，而由于不同的陈列带给消费者最多的还是视觉上的感官体验，因此其中涉及许多视觉营销的原理与规律，掌握了这些基本的原理与规律，才能完成更加合理、更加引人注目的商品陈列。

（一）色彩规律

不同的颜色可以带给人不同的感受，这一点可以用在陈列商品时，用不同的颜色陈列突出产品主题、企业形象等。色相方面，不同的颜色会让人产生不同的感觉，暖色系会令人产生热情、明亮、活泼等感受，冷色系会令人产生安详、宁静、稳重等感觉。明度方面，明度高的色彩显得活泼轻快，具有明朗的特性，明度低的色彩令人产生沉静稳重的感觉。纯度方面，纯度低显得质朴，纯度高显得高雅。同时不同色彩还象征着一些特性，如表8.1所示。

表8.1 陈列色彩简表

色彩特性	色相
自然	米黄、绿、棕
迷幻	紫、橙、黄绿
华丽	紫、红、黑、白
雅致	浅棕、蓝灰、灰
未来	浅灰、黄绿、白

因此，在陈列时应注意根据季节、主题等灵活调整产品颜色分布，力求给顾客带来理想的视觉效果与心理感受。

（二）视线规律

要想使陈列带给顾客更好的感官体验，不仅需要适当的颜色搭配，还需要符合人的视觉规律，主要包括以下内容。

如图8.3所示，在视野范围方面，以眼睛为中心，在不转动头部的情况下，垂直方向的视野范围是120°~140°。水平方向时一只眼睛的视野范围约150°，双眼为180°~200°。两侧眼睛所共有的领域垂直方向约60°，水平方向约90°。而想要清楚地看清物体，视觉领域的角度会变窄，垂直和水平方向都会变成约25°。大部分情况下，人都用眼睛看东西，所以在不转动头的状态下，只能关注到这领域之内的空间。

因此，按照顾客平均身高165~168 cm来算，视线的水平高度平均为150~153 cm，结合在仔细观望时的有效视线范围在垂直和水平方向上均是25°，因此有效视线范围经

垂直：25°
视野：140°
视线：120°

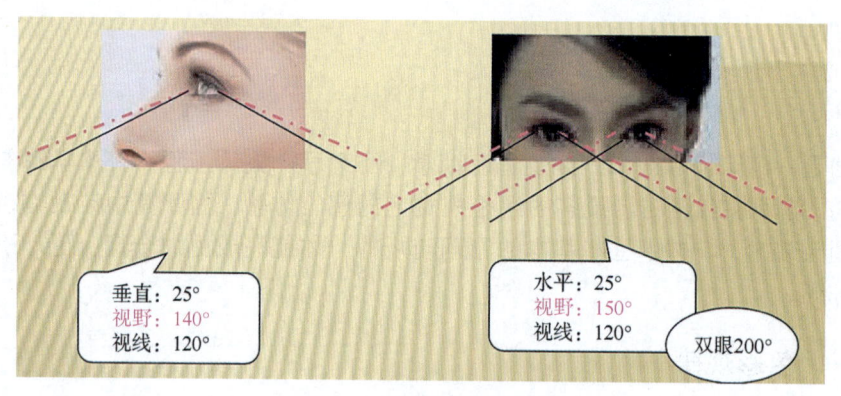

水平：25°
视野：150°
视线：120°
双眼200°

图8.3 陈列视线规律

过运算为49.5°，据此可以得出在展示空间中最佳的展示区域。例如整体展示面积高60～180 cm，则展示区域为80～150 cm处。同时，180 cm以上的位置更容易吸引到远处的顾客，因此这区域的展示最好以面的形式，如果模特形式的展示处于这一位置，务必确保对应商品可以在下面可触及的地方。60 cm以下的区域，顾客不易注意到，而且由于来回走动容易沾染灰尘，因此可以不用于陈列，而用于储存商品或陈列鞋包等。按照此比例，可以把展示区域划分成如下空间：45～60 cm为商品储存空间，60～180 cm为商品展示空间，80～150 cm为黄金展示空间，180～240 cm为店铺氛围空间。陈列视线规律如图8.4所示。

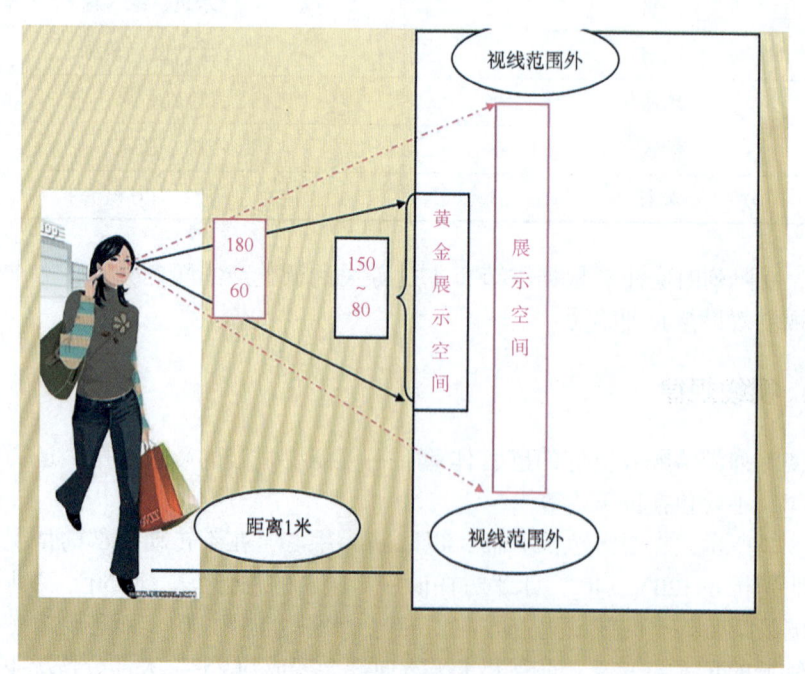

视线范围外
180～60
150～80
黄金展示空间
展示空间
距离1米
视线范围外

图8.4 陈列视线规律

上面讨论了视野范围的规律以及其在陈列上的应用，而在人们的视线流动上，同样具有一定规律，具体包括以下几点。

（1）流动的直线特点：由于两点之间直线最短，因此人们在选择视线的移动过程中，移动路径一般是一条直线。

（2）由大到小移动：人们总是先注意到体积较大的物品，再注意到较小的。

（3）流动是反复多次的：视线的流动是重复的、多次的，停留的时间越长，获得的信息越多。

（4）容易被较强刺激所吸引：视线总会被诱目色（暖色、对比色）所吸引。

（5）由浅到深：流动一般由浅色、亮色，移动到深色、暗色。

（6）先水平后垂直：视线流动一般是先从右到左，再从上到下。

（7）往宽的地方走：视线总会移动到宽敞的空间。

根据以上规律，可以总结出陈列符合视线流动规律的一些技巧。例如，橱窗的刺激度要大，面积选用要大，或是用对比的手法。陈列时，要把轻的色彩放在高处，重的色彩陈列于低处。左边陈列暖色，右边陈列冷色。入口处要尽可能宽敞。尽量用灯光、色彩吸引顾客走到店铺最深处。尽可能让顾客在店里逗留更长时间等。

（三）生命周期规律

根据产品生命周期理论，可以发现在产品的不同时期，企业对于产品的期待与目标是不同的，营销手段与方式也会受到影响，因此在产品的不同时期，对于该产品的陈列也要做出相应调整。

（1）当产品处于导入期，陈列数量不宜多，但要摆放在货架最上端、最显眼处，方便顾客发现，尽快推入市场。

（2）当产品处于成长期，陈列数量要适中，摆放在最易拿到的货架中端、最前端，帮助其更好的占据市场，扩大销售。

（3）当产品处于成熟期，要使其陈列比重最大、数量最多，摆放在货架下端、中上端，尽可能依靠此产品获取更多利润。

（4）当产品处于衰退期，陈列数量要减少，摆放在货架最里端、下端，或集中摆放，以便产品慢慢退出市场。

（四）场地规律

卖场要求环境整洁、分布合理，充分利用空间。卖场中最具优势的地方一般是顾客最先看到的地方，客流量最大的地方，以及靠近快销品的地方。可以把卖场内区域分为：

（1）外围展示区域，即卖场最外边缘，最接近顾客自由通行区域，最能展现不同销售季节商品信息的重要区域。

（2）中岛展示区域，即卖场内直接影响顾客流走的区域，充分表现某些品类的款式、数量、尺寸、颜色等。

（3）壁柜展示区域，卖场内靠墙壁柜展示区域，商品的正、侧挂，摆、叠手法以及色彩分割让顾客一目了然。

其他场地要求还包括：通道，保持足够的空间，确保畅通无阻碍；动线，按照顾客经过的路线摆设商品；货架，设计合理、人性化，充分展示商品；橱窗，简洁明亮、主题突出，体现品牌特色，等等。

（五）位置规律

商品一般可以分为主力商品、辅助商品、附属商品、促销商品。不同的商品类别包含了不同特性的商品，消费者对于商品的购买动机也各不相同，因此对于不同类型的商品，其陈列位置也有不同的要求。陈列位置规律简表如表 8.2 所示。

表 8.2　陈列位置规律简表

商品类别	属性	动机	陈列位置
主力商品	季节性	选择购买	主动线沿线
辅助商品	长年性	目的购买	主副动线附近
附属商品	搭配性	指名购买	柜台付款动线
促销商品	吸引性	冲动购买	端架落地陈列

（六）方式规律

陈列基本手法包括吊、叠、挂、摆、堆等，陈列道具包括橱窗、抛台、展台、模特、衣墙、横杆、鞋帽托、鱼骨刺、POP 等。不同的陈列方式，要注意不同的要点。

例如橱窗陈列要足够吸引目光，运用灯光、道具等手段，传达主题、激发进店和购买欲望。在感觉上，要有吸引力、新颖性。色彩上要对比强烈、时尚。造型上要具有故事性、几何分割感。如图 8.5 所示，抛台要按照颜色、设计理念、材质、科技、系列化的搭配，表现出有效的故事来吸引顾客。例如挂装、鱼骨刺数量通常为 4~5 件、短挂钩 4~6 件、长挂钩 8~12 件、叠装 3~4 件，且款式不能超过 1 个 SKU（库存单位，Stock Keeping Unit 的编号）。产品款式不足时，可选用已用款补足，器架不可留空。

图 8.5　陈列方式

项目八　商品陈列视觉营销

任务二　陈列视觉营销设计

在日常生活中，产品陈列的主要场景是卖场陈列，包括购物中心、专卖店、超级市场等。通过专业人员对卖场陈列进行的系统性研究与总结，可以把卖场陈列分为三大部分，分别是单品陈列（Item Presentation，简称 IP）、视觉陈列（Visual Presentation，简称 VP）和重点陈列（Point of sales Presentation，简称 PP）。这三部分对于一个卖场通过合理的陈列达到预期目的至关重要，下面我们来分别学习一下卖场陈列的这三个部分。

商品陈列

一、单品陈列

单品陈列是指一类商品的展示区域，它的主要任务是将相同的商品按颜色、大小顺序摆放，顾客可从 IP 区轻松选择到自己要的款式和尺寸。如图 8.6 所示，卖场中至少 80% 以上的货品陈列在这个区域。IP 常以量贩式侧挂、叠装等陈列形式表现出来。如下图的陈列空间，这个区域没有正挂或模特等正面的展示方式，它的容量较高，但其陈列的位置又在黄金区域内，因此运用这种方法的目的还是方便顾客挑选与搭配。

图 8.6　单品陈列

IP 是某一类商品的展示区，切忌给人造成"堆砌"印象，那样就仿佛在说"我在甩卖"。例如销售基础款背心，通常要注意颜色上的渐变感，不建议冷色、暖色交错摆放，尤其是在同款有多种颜色的情况下，这一点更加重要。同时，每种物品适合的展示量都不一样，过多会使消费者眼花缭乱无从下手，过少会使消费者因缺乏丰富度而放弃。

在卖场商品陈列中，将 PP 中模特展示的商品用 IP 的形式陈列在周边，当顾客接近时，先看到 PP 展示的重点商品，同时顾客可以在 IP 区域（叠装）里拿取相应的商品。

IP 展示要注意以下方面：必须叠整齐、挂整齐、摆整齐，按顺序排列；品类与品类之间搭配性要强；陈列要符合日常生活规律；IP 产品内不要插入人为元素；叠装比较能引发顾客兴趣，不要阻止顾客打开；等等。

二、视觉陈列

视觉陈列是指视觉展示区，它的主要任务是让顾客目光停留，通常摆放在显眼的商场动线入口处或店铺主要橱窗位置，由 2 个以上模特组合而成的区域，十分个性化，反映品牌当季主题和风格。它主要出现在卖场外观、橱窗、卖场中的展示台等。VP 陈列的商品往往通过模特、POP 或其他方式，以情景演示或其他有效的视觉设计手段展示出来，并透过视觉将品牌或商品的特点与价值传递给消费者，从而激发顾客产生兴趣或购买的欲望，如图 8.7 所示。

图 8.7　视觉陈列

VP 的陈列遵循 7 秒法则，即行走的顾客在经过店铺 7 秒之前（一般顾客行走的速度在 1 米/秒，7 秒的可视距离也就是在距离店铺 7~8 米），不能判断什么店铺时，会因不能引起兴趣而略过此店。因此，VP 展示区就很重要，模特的摆放角度，最好与走过来的行人产生对视感，加强交流，吸引顾客走过去，因此色彩和形式感很考究。即便不换形式，换一个符合季节的色彩，例如夏季用清凉的蓝色，冬季用温暖的橘色，也都可以给人焕然一新的感觉。

橱窗是 VP 最经常出现的区域，但不是唯一出现的区域。橱窗的功能除了演示商品信息外，还可以推广品牌的其他信息，因此橱窗不等于就是 VP。橱窗只能说是品牌或卖场采用视觉演示陈列最重要的区域，它一般通过商品情景演示或其他视觉手段设计来吸引顾客的注意力与兴趣。

VP 空间要注重以下几个要点：主题性，展示内容要符合和体现当期主题，展示品牌风格与主旨；故事性，展示内容要体现出故事性才能更好地吸引注意；关联性，展示内容要与品牌主题、活动相关；季节性，体现出当季特色；视觉性，在视觉上具有强烈的感受。

三、重点陈列

重点陈列是指视觉重点展示区，它的主要任务是吸引顾客对每个商品的关注，通常摆放在店内展柜之间或挂墙、高置等区域。重点陈列可以理解为重要陈列或对销售起到重要作用的商品的陈列，如果从商品策略的角度来讲，也可以理解为重点推广的商品陈列，其所陈列的区域也可以称为卖场要点展示区域。PP 与 VP 最大的区别就在于 PP 主要用于展示商品本身，并引导顾客购买，而 VP 则是演示商品，激发顾客欲望。我们可以说 VP 是品牌或卖场的"广告"，而 PP 则是卖场的"导购员"。

因此，在 PP 陈列中存在 3 秒法则，即当顾客走到店铺前方 3 秒的距离时，如果没有好的 PP 指引让顾客对具体商品提起兴趣，那么也无法让更多的顾客进店。PP 的重点在于，顾客不擅长一次性掌握过多的商品信息，要有突出的单个商品，并在色彩上跳脱出视线中的背景，让人第一眼看到 PP 展示的商品。

PP 经常与 IP 一起展示，既引导顾客购买又便于顾客的拿取。PP 的表现形式一般是模特、POP、正挂或其他陈列技巧的直接展示，在服装墙上的位置则主要表现在黄金陈列区。PP 对卖场陈列师的陈列技巧要求比较高，它所呈现的内容也是体现视觉陈列师陈列技巧高低的一种方式。如图 8.8 所示是重点陈列，其中，穿着搭配好的模特很好地引导顾客购物。同时，它侧挂上的商品可以方便顾客直接拿到。陈列设计师要学会在卖场中的适当位置设置 PP，以引导顾客购买。

图 8.8　重点陈列

如图 8.9 所示是一个以裤装为主的陈列区，陈列师在每一组道具上摆放模特，直接将每组道具上的商品展示出来，而后面的高墙则通过 POP 和裤装模特来设置 PP，在整个卖场通道中，不管顾客在哪个位置，基本都能看到卖场的无声"导购员"。卖场中

可以在不同的区域和道具上设置不同方式的 PP，PP 就像是卖场的磁石，它能让顾客感觉"原来这件衣服穿在身上是这样子的"或者"其实我也可以这样穿"，那么顾客购买的可能性就大大增加了。这也是视觉陈列设计师进行卖场陈列设计时必须掌握的能力。

图 8.9　重点陈列

最后，对于 VP、PP、IP 的表现形式，每一个品牌都有所区别。但我们要了解的是，在陈列设计或卖场陈列过程中，之所以会有 VP、PP、IP 的概念，是因为这三个陈列功能是根据顾客的消费心理过程设定的。我们可以简单地理解为，VP 犹如品牌和卖场广告，PP 就像导购员，IP 用于储存挑选商品，三者合在一起就是品牌或卖场无声的代言人，如图 8.10 所示。

图 8.10　VP，PP 和 IP

项目小结

本模块描述了陈列的定义、目的,以及陈列的分类,需要遵循的原则,相关的营销理论与规律,以及在陈列时应当注意的要点。

卖场陈列的三个方面 IP、VP 和 PP,以及各方面的作用、方式、要素、要点等,内容整理如表 8.3 所示。

表 8.3　卖场陈列的 IP、VP 和 PP 的内容整理

类别	MP 商品提案		
	IP 单品陈列 Item Presentation	VP 视觉陈列 Visual Presentation	PP 重点陈列 Point of Sales Presentation
作用	将商品逐一分类整理陈列,容易观看及选择	表现整体演出主题,提高卖场及商品形象	展示分类商品卖点
位置	店内所有货架(衣架、陈列柜层板)	橱窗、舞台、卖场入口	卖场内自然吸引顾客视线的地方,墙面和货架上端
实施要素	侧挂; 叠放; 色彩排列; 竖直陈列; 尺寸排列; 款式分类; 面料分类	流行提示(款、料、色等); 话题性; 主体色彩活用; 年度计划演出; 灯光演出效果; 主题及模特演出效果	正面展示; 展示组合(组成三角形); 色彩搭配(瞩目性); 重点展示(品类、款式、色彩); 灯光演出; 陈列道具(活用架、丁型架等)
功能	销售	展示	展示、引导销售
距离	近处(触摸商品)	稍远处(接受形象)	卖场内(认识商品)

项目测验

一、单选题

(1) 消费者能在有限时间内清晰识别商品,这体现了商品陈列(　　)原则。

A. 安全性　　　　B. 易看性　　　　C. 易取性　　　　D. 感觉性

(2) 处于市场成熟期的产品,一般如何陈列?(　　)

A. 摆放在货架最上端、最显眼处　　　　B. 摆放在货架中端、最前端

C. 摆放在货架下端、中上端　　　　　　D. 摆放在货架最里端、下端

（3）（　　）原则是指商品陈列要能实现营销目标，体现商品价值。

A. 安全性　　　　　　B. 感觉性　　　　　　C. 信息性　　　　　　D. 效益性

（4）以下关于产品距离陈列的描述中，错误的是（　　）。

A. 产品间至少保留 1 个手指的距离

B. 货架间的距离一般为 1 米左右

C. 货架间至少同时容纳 2 人

D. 销售员与客户保持一定的待命距离

（5）如图 8.11 所示的商品陈列方式不属于（　　）。

图 8.11　商品陈列

A. 纵向陈列　　　　　　　　　　　　　B. 横向陈列

C. 多向陈列　　　　　　　　　　　　　D. 不定向陈列

二、多选题

（1）商品陈列的基本原则包括（　　）。

A. 安全性　　　　　　B. 感觉性　　　　　　C. 信息性　　　　　　D. 效益性

（2）按照商品价值划分，陈列方式包括（　　）。

A. 一般陈列　　　　　　　　　　　　　B. 廉价陈列

C. 特殊陈列　　　　　　　　　　　　　D. 高档陈列

（3）以下关于商品摆放规律的描述中，正确的有哪些（　　）。

A. 产品正面要与货架前方的"面"保持一致

B. 避免看到货架隔板、货架后面的挡板

C. 恰当安放宣传板、POP 等

D. 销售员与客户保持一定的（待命）距离

(4) 以下关于待命距离的描述中，正确的有哪些（　　）。

A. 通常是销售员与客户保持的距离

B. 销售员位于客户侧后方 2 米左右

C. 销售员位于客户侧后方 5 米左右

D. 销售员要做到"零度干扰"

(5) 关联搭配是商品陈列的重要方式，一般根据不同商品的（　　）等特性来陈列。

A. 品质　　　　　B. 价格　　　　　C. 利润　　　　　D. 销量

三、思考题

(1) 根据陈列相关的理论与规律，还有哪些优化陈列的建议？

(2) 圈出如图 8.12 所示的卖场中各个位置所属陈列种类，提出建议。

图 8.12　卖场

项目实践

一、实践操作

任意参考销售某类商品的大、中型实体店铺（百货商场、超市、专营店等），分析商品的陈列类型、店铺布局、陈列技巧等方面的现状及问题，并提出合理的商品陈列规划建议。

二、实践考核

本实践考核学生对于商品陈列设计规律的掌握程度，以及设计效果、工作态度与效率等职业素养表现。实践考核标准如表 8.4 所示。

表 8.4　实践考核标准

考核指标	考核内容	考核分值
知识掌握	店铺布局、陈列类型、陈列技巧等商品陈列现状与问题的分析深度，以及图文结合程度	40
	陈列方式、陈列类型、陈列技巧等方面的视觉策划或建议，以及图文结合程度	35
任务效果	项目成果的形式、完整度、美观度等。如 Word、PPT 等格式及其规范性	15
职业素养	项目完成时间、团队合作、工作态度等	10

参考文献

［1］侯德林，冯灿钧. 视觉营销：从入门到精通［M］. 北京：人民邮电出版社，2018.

［2］淘宝大学. 网店视觉营销［M］. 北京：电子工业出版社，2013.

［3］淘宝大学. 视觉不哭［M］. 北京：电子工业出版社，2014.

［4］张枝军. 网店视觉营销［M］. 北京：北京理工大学出版社，2015.

［5］网商动力研究院. 电商视觉营销［M］. 北京：电子工业出版社，2014.

［6］Stephanie Diamond. 视觉营销：社会化媒体营销新规则［M］. 唐兴通，杜炤，王韫千，等译. 北京：电子工业出版社，2015.

［7］华哥. 新媒体视觉全攻略［M］. 唐兴通，杜炤，王韫千，等译. 北京：人民邮电出版社，2019.

［8］王楠. 网店美工赢家宝典［M］. 上海：上海交通大学出版社，2016.

［9］刘德华，吴韬. 网店美工［M］. 北京：人民邮电出版社，2015.

［10］谢新华. 网店商品拍摄与图片处理［M］. 北京：人民邮电出版社，2015.

［11］菲利普·科特勒，凯文·莱恩·凯勒. 营销管理（第15版）［M］. 何佳讯，于洪彦，牛永革，等译. 上海：格致出版社，2019.